주기율표의 사생활

옮긴이 김아림

서울대학교에서 생물학을 전공했으며, 서울대학교 대학원 과학사 및 과학철학 협동과정에서 과학철학을 공부했다.
현재 교양과학, 철학, 역사 등 다양한 분야의 책을 번역하고 있다. 번역한 책으로는 『엔지니어들의 한국사』
『고래 : 고래와 돌고래에 관한 모든 것』『재난은 몰래 오지 않는다』『자연의 농담』 등 여러 권이 있다.

주기율표의 사생활

: 118가지 원소의 숨겨진 비밀과 수수께끼

초판 발행 2017년 9월 25일

지은이 벤 스틸 | 옮긴이 김아림
펴낸이 김정순 | 편집 허영수 이근정 주이상
디자인 김진영 모희정 | 마케팅 김보미 임정진 전선경

펴낸곳 (주)북하우스 퍼블리셔스 | 출판등록 1997년 9월 23일 제406-2003-055호
주소 04043 서울시 마포구 양화로 12길 16-9(서교동 북앤드빌딩)
전자우편 henamu@hotmail.com | 홈페이지 www.bookhouse.co.kr
전화번호 02-3144-3123 | 팩스 02-3144-3121

ISBN 978-89-5605-727-9 04400
        978-89-5605-726-2 (세트)

해나무는 (주)북하우스 퍼블리셔스의 과학·인문 브랜드입니다.

이 도서의 국립중앙도서관 출판시도서목록(CIP)은 서지정보유통지원시스템 홈페이지(http://seoji.nl.go.kr)와
국가자료공동목록시스템(http://www.nl.go.kr/kolisnet)에서 이용하실 수 있습니다.(CIP제어번호: CIP2017012719)

The Secret Life of the Periodic Table
by Dr Ben Still

주기율표의 사생활

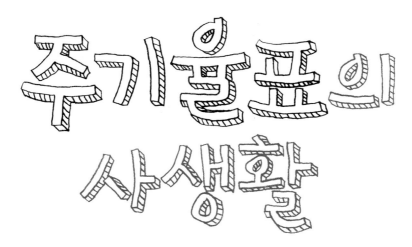

벤 스틸 지음 | 김아림 옮김

118가지 원소의 숨겨진 비밀과 수수께끼

해나무

차례

들어가며

'인간은 패턴을 찾아 이야기를 꾸며내는 동물이다. 그래서 우리는 패턴에 대한 이야기를 꾸며내는 데도 무척 능숙하다. 패턴이 정말로 있건 없건 상관없이 말이다.'
–마이클 셔머(Michael Shermer)

'너는 총명한 애지만 상식이 없구나!' 내가 자라면서 어머니가 줄곧 하던 말씀이었다. 나는 이제 그 말이 과학자에게는 나쁘지 않다고 생각한다. 어머니가 말하는 상식이란 '우리의 경험을 설명하는 가장 그럴듯한 이유'다. 우리는 상식에 따라 주변 상황에 자동으로 반응하며 우리가 살아가는 세상을 판단한다.

인류에게 상식이 진화한 것은 자연선택 덕분이다. 자연선택 덕분에 인간은 더욱 길고 유익한 삶을 살 확률이 높아졌고 자손을 낳는 데 쏟을 시간과 자원이 생겼다. 그리고 이런 사고방식과 반응은 다음 세대로 이어졌다. 반면에 자신의 환경을 잘못 판단한 사람들은 더 짧게 살았고 다음 세대에 별로 도움이 되지 못했다.

인간 대 곰의 대결

오랜 옛날, 어떤 원시인이 무슨 소리에 잠에서 깼다. 근처 덤불에서 잎이 바스락거리는 소리가 들려왔다. 곰이 나타나기보다는 바람이 부는 경우가 훨씬 많으니 이상한 소리가 나면 바람 때문일 확률이 더 높다. 이렇듯 합리적이고 논리적으로 가능성을 따져본 원

논리적인 원시인은 곰의 점심밥이 되었다.

시인은 다시 잠들었을 것이다. 그러나 이 생각이 틀렸다면 어떻게 될까? 바스락거리는 소리가 정말로 곰이 일으킨 것이라면? 원시인은 곰에 잡아먹혔을 테고 자손을 낳지 못했을 것이다. 반면에 원시인이 곰일지도 모른다는 가정 아래 잠자리에서 일어나 확인했다면, 목숨을 건질 확률이 높았을 것이다. 그리고 이렇게 더 오래 살아남을수록 그 원시인 개인은 자손을 남겨 자신의 사고방식을 후대에 물려줄 가능성이 커진다.

이렇듯 원시인에게 가능성이 낮은(대개 사실이 아닌) 패턴을 확인해보려는 편향성이 있다면 그 원시인이 살아남을 확률은 높아진다. 자연선택은 비논리적인 패턴에 지속적으로 무게를 부여하는 동물의 생존을 장려한다. 생존에 필수적일 가능성이 적은 현상을 중요하게 여기는 동물들 말이다.

인간은 패턴을 찾는 존재이지만, 우리가 찾는 패턴은 편향되어 있다.

이 선이 쭉 곧게 뻗은 것처럼 보이는가? 그렇게 보이지 않는다면 우리 뇌는 실제로 존재하지 않는 패턴을 찾아낸 셈이다.

이유 찾기

패턴을 찾아내는 인간의 능력은 다양한 방식으로 나타난다. 연구 결과에 따르면 영어 알파벳이 어떤 순서로 나열되어 있든 간에 사람의 마음은 그 안에서 단어를 찾아내서 읽는 경향이 있다. 사람의 두뇌가 알파벳을 하나하나 읽는 것이 아니라, 단어 전체를 인식하기 때문이다. 이때 중요한 것은 알파벳의 순서보다는 맨 첫 번째와 마지막 글자다. 우리 두뇌는 나머지 글자들을 패턴 인식으로 읽어낸다.

뇌의 이런 편향성은 착시 현상에서도 나타난다. 뇌가 자기가 아는 상식에 따라 관찰 결과를 끼워 맞추는 것이다. 세상을 있는 그대로 인식하려면, 이런 편향성을 제거하고 우리가 타인들과 다르게 인식하는 여러 패턴을 서로 비교하고 대조해야 한다. 이것이 과학적 방법론의 핵심이다.

이 책에 대해

이 책은 인류가 찾아낸 가장 위대한 패턴을 다룬다. 바로 주기율표다. 주기율표가 어떻게 짜였는지 이해하려면, 고대의 저작들을 읽은 유럽 사상가들로부터 어떤 교훈을 얻을 수 있는지부터 시작해야 한다. 그리고 중세 암흑기에 시작된 화학 실험들을 살피면서 연금술사들이 실험과 자연 세계 사이에서 어떤 연관성을 찾았는지도 알아볼 것이다. 전 세계에서 원소들이 속속 발견되고 그 안에서 패턴들이 발견됨에 따라, 많은 사람이 다양한 기준에 따라 원소들을 분류하려 했다. 이들 가운데 드미트리 멘델레예프(Dmitri Mendeleev)라는 천재의 업적을 살펴보면서, 그가 한 일이 예전의 학자들과 어떻게 다른지 알아볼 것이다.

각 원소의 행동을 알려면 원자 내부로 들어가야 한다. 원자의 행동은 원자의 구조와 관련이 깊다. 원자의 양자물리학은 한 원소의 행동을 궁극적으로 이해할 수 있게끔, 그리고 주기율표 안에서 그 원자의 자리를 찾아줄 수 있게끔 해주었다.

이 책의 나머지 부분은 개별 원소를 더 자세히 살피는 일에 할애할 것이다. 원소의 행동에 따른 쓰임새와 발견에 얽힌 이야기를 소개하려고 한다. 원소 118가지를 전부 소개한 다음에는, 주기율표의 미래와 앞으로 더 많은 원소가 나타날 가능성이 있는지도 다룰 예정이다.

자연에서 얻은 다양한 여러 통찰을 담아놓은 주기율표는 과학적 방법론의 증거가 되며, 동시에 덤불 속에서 곰을 찾아내는 우리의 능력을 증명해준다.

패턴에서 주기까지, 표 만들기

17세기 전반, 유럽에서는 세계를 바라보는 사고방식이 혁명적으로 바뀌기 시작했다. 그리스와 로마로부터 전해 내려온 고대의 문헌들이 아랍 세계의 도서관에서 발견된 것이다. 유럽의 신세대 사상가들은 아리스토텔레스와 플라톤을 비롯한 자연철학의 여러 사상을 공유하는 특권을 누렸다. 그리고 이런 문헌들이 활판 인쇄로 손쉽게 제작되기 시작했다. 고대 사상의 재발견과 르네상스는 과학혁명을 이끌었다.

연금술에서 과학까지

당시의 자연철학자들은 오늘날 우리가 과학적 사고라 여기는 것들을 신학(종교)이나 형이상학(존재에 대한 사상)과 연결시켰다. 이들은 다양한 이유에서 물리적인 것이든, 영적인 것이든 세계에 파묻힌 연결고리를 찾으려 했다. 몇몇은 신비한 마법의 힘을 과학보다 앞서 등장하는 존재라 여겼고, 연결사물들 사이의 연결고리를 찾아 그 힘을 실용적인 목적으로 활용하고자 했다. 연금술사가 이런 사람들이었다. 중세 시대부터 존재했던 이들의 목표는 사물들 사이의 연결고리를 찾을 뿐 아니라 대상들을 정화하고 완벽하게 만드는 것이었다.

이들 대부분이 지향했던 실용적인 목표는 납이나 수은 같은 흔한 금속들을 금으로 바꾸어주는 물건을 찾는 것이었다. 연금술사 헤니히 브란트(Hennig Brand)의 목표 역시 '현자의 돌'이라 불렸던 이런 물건을 발견하는 것이었다. 브란트는 평생 이 신비한 대상을 찾고자 했다. 고대부터 전해진 탐구 문제이기는 했지만, 브란트는 당시 최신의 연구 방법을 활용했다. 인간의 소변을 활용하는 것이었는데, 브란트는 소변을 가열하고 증류한 다음 그 잔여물을 뒤섞은 결과 흰색으로 빛나는 성분을 발견했다. 이로써 스스로는 몰랐지만 브란트는 새로운 원소를 화학적인 방법으로 발견한 최초의 인물이 되었다. 브란트가 이 빛나는 흰색 물질에 붙인 이름은 바로 '인(phosphorus)'이었다.

현대 화학과 원소

시간이 지나면서 과학혁명은 속도를 내기 시작했다.

독일의 연금술사 헤니히 브란트가 1669년 인을 발견하는 장면을 그린 영국 화가 조지프 라이트(Joseph Wright)의 1771년 작품.

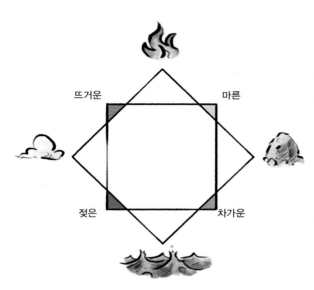

이 그림은 아리스토텔레스가 우리를 둘러싼 세상을 구성한다고
생각했던 흙, 공기, 불, 물의 네 가지 고대 원소를 보여준다. 이
원소는 각각 '뜨거운', '차가운' '마른', '젖은'의 네 가지 성질과
관련되어 있다.

독특한 성질을 지닌 여러 성분이 발견되었고, 과학자
들은 각 성분을 비교하고 대조하기 시작했다. 1661년
에는 아일랜드 출신의 자연철학자 로버트 보일(Robert
Boyle)이 현대 화학의 기초라 할 만한 책인 『회의적인
화학자(The Sceptical Chymist)』를 썼다. 보일은 세상 모
든 것이 흙, 공기, 불, 물이라는 네 원소로 이루어져
있다는 아리스토텔레스의 견해를 거부했다. 대신 보
일은 화학 원소들이 "완벽하게 뒤섞이지 않는 여러 요
소로 이뤄져 있고… 이 요소들은 다른 요소들로 이뤄
지지 않았다"라는 현대적인 아이디어로 설명했다. 비
록 "완벽하게 뒤섞이지 않는 요소들"에 대해 알려진
바는 없다고 보았지만 말이다. 금이나 은, 납, 황, 탄
소도 언급하지 않았다. 무척이나 단순한 정의로 보이
지만, 보일의 아이디어는 아원자 입자가 발견되기 전
까지 200년 넘게 지배적인 사상으로 군림했다.

이후 여러 해 동안의 화학 실험은 더욱 기본적인
성분들을 발견했다. 어떤 과학적 방법론이 관여하든,
이런 성분들은 더욱 작아지거나 분리될 수 없는 것처

럼 보였다. 주의 깊게 관찰한 결과, 몇몇 원소는 비슷
한 실험에서 비슷한 방식으로 행동한다는 사실이 드
러났다. 또 그 행동이 무척 다양하게 나타나는 원소
들도 존재했다. 인간은 패턴을 찾는 동물인 만큼, 많
은 과학자들은 이 결과를 일으키는 원인을 찾고자 결
심했다.

원소 안에서 질서 찾기

1789년, 프랑스의 귀족 앙투안-로랑 드 라부아지에
(Antoine-Laurent de Lavoisier)는 『화학 원론(Traite
Elementaire de Chimie)』이라는 책을 출간했다. 이 책
에서 라부아지에는 "사물을 이루는 원소라 간주되
는… 단순한 성분"을 여럿 찾았다고 주장했고, 이 원
소들을 금속 성분과 비금속 성분으로 분류했다(금
속을 뜻하는 영어 'metal'은 광산을 의미하는 로마어
'metallon', 'metallum'에서 비롯했다. 이 성분들을 탄
광이나 채석장 땅에서 캐냈기 때문이다). 이 책은 원
소들을 분류한 최초의 책이었고, 이 원소들은 특정
화학 반응의 결과에 따라 나뉘었다.

1817년에는 독일의 화학자 요한 볼프강 되베라이
너(Johann Wolfgang Döbereiner)가 당시까지 알려졌
던 화학 원소들을 세 집단으로 나누었는데, 그는 이
것을 '3인조'라고 불렀다. 이 3인조 화학 원소들은 각
기 관련 성질을 갖고 있었는데, 중간 원소의 원자량은
다른 두 가지의 평균값으로 계산되었다. 이 모델은 근
거가 탄탄했지만 수많은 원소를 포함시키지 못한다는
문제를 갖고 있었다.

1860년까지 발견된 원소는 60가지에 달했다. 그
리고 당시 프랑스의 지질학자 알렉상드르-에밀 베
귀예 드 샹쿠르투아(Alxandre-Emile Beguyer de
Chancourtois)는 그 가운데서 반복적인 패턴을 발견
했다. 샹쿠르투아는 원소들을 원자량이 증가하는 순
서대로 나선 위에(원통 주변을 도는 나선 코일 위에)
배열해보았다. 그랬더니 위아래에 줄지어 나타나는 원
소들은 서로 비슷한 성질을 보였다. 이렇듯 원소들의
성질이 반복적인 주기성을 가진다는 사실은 놀라운
발견이었다. 하지만 당시 화학자들 상당수는 이 발견

되베라이너의 3인조에서 가운데 원자의 '예측된 원자량'과 '실제 원자량'의 비교값

원소 1의 원자량	원소 2 (원자량 1과 3의 평균값)	원소 3의 원자량
리튬 6.9	나트륨 23.0(예측) 23.0(실제)	칼륨 39.1
칼슘 40.1	스트론튬 87.6 88.7	바륨 137.3
염소 35.5	브로민 79.9 81.2	아이오딘 126.9
황 32.1	셀레늄 79.0 79.9	텔루륨 127.6
탄소 12.0	질소 14.0 14.0	산소 16.0
철 55.8	코발트 58.9 57.3	니켈 58.7

이 표는 요한 볼프강 되베라이너가 제안한 3인조 원소 분류법을 보여준다. 되베라이너는 이 표를 활용해 나머지 두 개 원자량의 평균값을 계산해서 가운데 원소의 원자량을 예측했다. 가운데 줄에서 위에 표시된 숫자는 예측값이고, 아래에 표시된 숫자는 실제로 측정된 값인데 예측값과 무척 비슷하다.

며, "여덟 번째로 시작되는 원소는 첫 번째 원소의 반복인데, 음악에서도 옥타브의 여덟 번째 음이 같다"라고 주장했다. 뉴런즈는 당시에 알려졌던 62가지 원소를 모두 분류하면서 1864년에 처음으로 '주기성'이라는 용어를 써서 원소의 화학적 성질이 지닌 반복적인 패턴을 표현했다. 또한 같은 해인 1864년에 각 원소에 원자번호를 부여했는데, 이 번호는 자신이 주장한 '옥타브의 법칙'(1년 뒤에 이런 용어를 만들었다)을 강조하는 데 활용되었다. 이 새로운 분류 체계가 가진 가

을 알지 못했다. 1862년에 샹쿠르투아가 출간한 논문이 화학이 아닌 지리학 용어로 쓰인 데다, 그 놀라운 아이디어를 발표할 때 도표를 사용하지 않았기 때문이다. 그래서 7년이나 더 지나 드미트리 멘델레예프의 주장이 더 낫다는 사실이 알려질 때까지, 샹쿠르투아의 천재적인 발견은 제대로 된 평가를 받지 못했다.

음악과 화학
샹쿠르투아의 주장이 잊혀지면서 영국의 화학자 존 뉴런즈(John Newlands)는 나름의 방식으로 원소를 분류했지만 제대로 인정받지는 못했다. 뉴런즈 역시 원소들의 성질이 주기성을 보인다는 사실을 발견했으

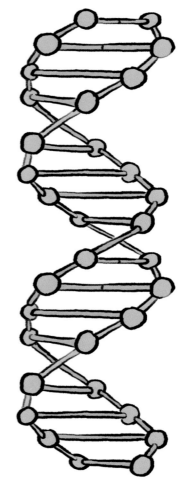

프랑스의 지질학자 알렉상드르-에밀 베귀예 드 샹쿠르투아는 1862년에 화학 원소들을 나선상에 배열했다.

영국의 화학자 존 뉴런즈는 옥타브 법칙을 통해 화학 원소에 존재하는 반복적인 패턴을 음악의 옥타브와 비교했다.

장 강력한 힘은 예측할 수 있다는 점이었다. 예측은 과학적인 모형이 가져야 하는 필수 요소다. 뉴런즈의 표에 공백이 있다는 사실은 아직도 '알려지지 않은, 또는 어쩌면 아직 발견되지 않았을 뿐인' 원소들이 존재한다는 사실을 암시했다. 제안 대부분이 나중에 부정확하다는 이유로 파기되긴 했지만, 뉴런즈는 규소와 주석 사이에 새로운 원소가 하나 들어가야 한다는 사실을 예측했고 1886년에 실제로 그 원소가 발견되었다('저마늄' 참고).

하지만 시대를 앞서간 발견이 그렇듯, 뉴런즈의 아이디어는 동료들의 비웃음을 샀다. 화학협회가 뉴런즈의 강연을 책으로 출간하지 않았다는 사실만 봐도 알 수 있다. 출간이 거부된 이유 가운데 하나는 당시 화학협회의 총무였던 윌리엄 오들링(William Odling)의 악의 때문이었다. 그 역시 원소 분류 작업에 몰두하는 중이었다. 화학협회는 1887년에야 뉴런즈의 업적을 처음으로 인정했다. 2008년에는 뉴런즈를 '화

학 원소의 주기율을 발견한 공로자'라고 치하하며 이 문구를 푸른색 명판에 새겨 뉴런즈가 태어난 집에 붙여주었다.

뉴런즈와 같은 해에 발표된 오들링의 작업 또한 시대를 앞섰다고 평가할 만하다. 오들링은 화학 원소를 일곱 자리로 반복되는 단위로 분류했다. 또한 아이오딘이 탈륨보다 원자량이 작은데도 탈륨 다음의 집단에 속한다는 사실을 제대로 알아챘다. 이 점은 드미트리 멘델레예프도 처음에는 잘 몰랐던 사실이었다. 그뿐만 아니라 오들링은 동시대 학자들과는 달리 납과 수은, 백금을 같은 집단으로 '올바르게' 묶었다.

이렇듯 영국과 프랑스, 독일 과학자들의 작업은 현대 원소 주기율표의 기초를 닦았다. 원소에서 패턴을 찾으려는 이들의 예리한 눈이 없었다면, 드미트리 멘델레예프는 주기율표에 관한 모든 아이디어를 제대로 된 틀로 잡는 데 실패했을 것이다.

멘델레예프와 현대 주기율표

황량한 시베리아에서 태어난 드미트리 멘델레예프는 형제자매가 엄청나게 많은 집안의 막내였다. (형과 누나가 11명이었는지, 아니면 13명, 14명, 17명이었는지는 설이 다양하다). 13세의 나이에 아버지를 여의고 화재로 집안의 재산이 잿더미가 된 이후로, 어린 멘델레예프는 고등 교육을 받기 위해 어머니를 따라 러시아 여기저기를 떠돌았다. 모스크바 대학교에서 입학을 거부당한 뒤 아버지가 다녔던 상트페테르부르크 대학교를 다니게 된 멘델레예프는 남아 있는 가난한 가족들을 따라 상트페테르부르크로 들어왔다.

학업을 마친 멘델레예프는 결핵에 걸리는 바람에 크림 반도로 갔다. 예부터 그곳은 물에 결핵을 치유하는 힘이 있다고 여겨지는 지역이었다. 이곳에서 멘델레예프는 과학 교사로 일했다. 건강이 완전히 회복되어 1857년에 상트페테르부르크로 돌아온 멘델레예프는 박사 학위를 취득했으며, 이후 10년 동안 맡게 될 교수직을 얻었다.

꿈속에 나타난 주기율표

이제 대학교에서 강의하게 된 멘델레예프는 당대 최고의 화학 교과서인 『화학 원리(*Principles of Chemistry*, 1868~1870, 총 2권)』를 집필했다. 이 책을 쓰는 동안 멘델레예프는 꿈속에서 주기율표를 보았다고 전해진다. "나는 꿈에서 모든 원소가 제자리에 들어가는 어떤 표를 보았다. 잠에서 깬 나는 그 표를 바로 종이에 그대로 그렸다. 나중에 수정해야 하는 자리 하나만 빼고." 이것이 사실인지, 아니면 일종의 시적인 표현인지는 알 수 없지만, 이 책을 집필하면서 멘델레예프는 화학적인 성질에 따라 원소들을 분류하고자 했다. 그리고 1869년 러시아 화학협회에 원소의 분류와 순서에 대해 자신이 발견한 것을 발표했다.

멘델레예프는 당시 영국과 프랑스, 독일의 학자들이 이 주제에 대해 어디까지 연구를 진행했는지 알지 못했지만, 동시대 학자들의 작업 결과를 집대성했

현대 주기율표의 아버지인 드미트리 멘델레예프.

ОПЫТЪ СИСТЕМЫ ЭЛЕМЕНТОВЪ.

ОСНОВАННОЙ НА ИХЪ АТОМНОМЪ ВѢСѢ И ХИМИЧЕСКОМЪ СХОДСТВѢ.

```
                            Ti = 50     Zr = 90      ? = 180.
                            V = 51      Nb = 94      Ta = 182.
                            Cr = 52     Mo = 96      W = 186.
                            Mn = 55     Rh = 104,4   Pt = 197,4.
                            Fe = 56     Rn = 104,4   Ir = 198.
                        Ni = Co = 59    Pl = 106,6   O = 199.
    H = 1                   Cu = 63,4   Ag = 108     Hg = 200.
            Be = 9,4 Mg = 24   Zn = 65,2  Cd = 112
            B = 11     Al = 27,4  ? = 68   Ur = 116   Au = 197?
            C = 12     Si = 28    ? = 70   Sn = 118
            N = 14     P = 31    As = 75   Sb = 122   Bi = 210?
            O = 16     S = 32    Se = 79,4  Te = 128?
            F = 19     Cl = 35,6 Br = 80    I = 127
    Li = 7 Na = 23     K = 39    Rb = 85,4  Cs = 133   Tl = 204.
                       Ca = 40   Sr = 87,6  Ba = 137   Pb = 207.
                       ? = 45    Ce = 92
                     ?Er = 56    La = 94
                     ?Yt = 60    Di = 95
                     ?In = 75,6 Th = 118?
```

Д. Менделѣевъ

1869년에 발표된 멘델레예프의 주기율표 원본으로, 현대적인 주기율표의 시초라 할 수 있다.

을 뿐 아니라 확장하기까지 했다. 멘델레예프는 원소들을 원자량 순으로 나열했을 때 성질이 주기적으로 반복된다는 사실을 처음으로 알아냈다. 무엇보다도 멘델레예프의 주기율표는 예측하는 힘이 엄청났다. 그의 주기율표가 환상적인 과학 모형으로 평가받는 것은 이 때문이다. 이 주기율표는 새로운 원소의 존재를 예측할 뿐만 아니라 그 원소를 발견할 방법까지 알려주었다. 각 원소가 어떤 화학물질과 반응하는지 예측하는 패턴이야말로 그 비밀을 푸는 열쇠였다.

행동의 패턴

멘델레예프는 주기율표에서 나란히 자리한, 원자량이 비슷한 원소들은 화학물질에 대한 반응성이 비슷하다는 사실을 알아냈다. 이 원소들은 표에서 같은 가

13

로줄에 있었고, 멘델레예프는 이것을 '주기'라 불렀다. 그뿐만 아니라 같은 세로줄에 놓이는 원소들의 경우 원소의 반응으로 생겨나는 화학물질이 비슷했으며, 이 세로줄을 '족'이라 불렀다. 멘델레예프가 만든 표는 이 패턴을 강조해서 드러냈고, 현대 주기율표 속 주기와 족의 기초가 되었다.

멘델레예프가 표에서 찾아낸 또 다른 흐름은 영국의 화학자 에드워드 프랭클랜드(Edward Frankland)가 제안한 원소의 '결합력'이다. 오늘날 이것은 '원자가(valency, 화합물을 이루는 과정에서 다른 원자들과 결합을 이루는 수)'라고 불린다. 프랭클랜드는 1852년에 서로 다른 원소들은 원자들을 특정 숫자만큼 추가로 포함시키며 화합물을 만들어낸다고 주장했다. 그의 말에 따르면 '질소, 인, 안티모니, 비소는 특히 다른 원소들을 3개, 또는 5개 포함하는 화합물을 형성하는 경향을 보인다.' 멘델레예프는 이 원소들의 원자량 순서가 원자가를 반영한다고 생각했다. 그리고 이것은 다음과 같은 연쇄 속에서 가장 명확하게 드러난다고 주장했다. 리튬(1), 베릴륨(2), 붕소(3), 탄소(4), 질소(5). 괄호 안의 숫자는 해당 원소가 가질 수 있는 최대 원자가를 드러냈다.

1864년, 독일의 화학자 로티어 메이어(Lothar Meyer)는 책을 출간했는데(멘델레예프는 이 책이 나왔다는 사실을 알지 못했다) 여기서 메이어는 28가지의 원소를 원자가에 따라 6개의 집단으로 배열했다. 메이어의 모형은 원자가의 주기성을 보여주었지만, 메이어는 여기에 따라 아직 발견되지 않은 원소들의 성질을 예측하려는 시도는 하지 않았다. 우리는 오늘날 화학 반응에 참가하는 전자들의 수에 의해 원자가가 결정되며, 이런 원자를 '원자가전자'라 부른다는 사실을 알고 있다. 멘델레예프는 1869년에 발표한 논문을 당대의 저명한 화학자들 모두에게 보냈는데, 그 안에는 메이어도 포함되어 있었다. 논문을 받은 메이어는 주기율표 속에 원자가의 패턴이 존재한다는 사실을 깨달았고, 그에 따라 메이어는 자신의 1864년 논문을 보강하고 발전시켜 논문을 새로 발표했다. 1882년 왕립협회는 메이어와 멘델레예프 둘 다 원소를 분류하

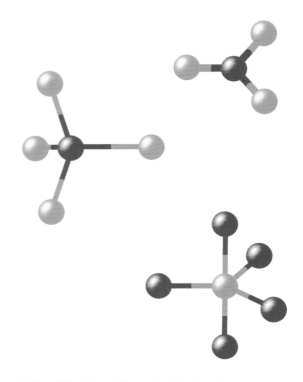

어떤 원소의 원자가는 그 원소가 다른 원소와 얼마나 많은 결합을 형성하는지에 달렸다. 위 그림에서 위에서 아래로 갈수록 각각 가운데 원소는 원자가가 3, 4, 5이다.

는 작업에 지대한 공헌을 했다고 인정해 데이비 메달을 수여했다.

보이지 않는 것 예측하기

뉴런드의 표와 마찬가지로 멘델레예프의 원소 주기율표에도 빈 칸이 존재했다. 다른 패턴이 관찰되지만 않았다면 말이다. 멘델레예프는 아직 발견되지 않은 새로운 원소들이 빈 칸에 들어가야 하며, 주기율표의 패턴을 통해 각 원소의 특성을 예측할 수 있다고 주장했다. 원래 멘델레예프가 이름을 붙인 빈 칸의 원소는 4가지로 에카-붕소, 에카-알루미늄, 에카-망가니즈, 에카-규소이다. 이 원소들의 특성을 예측한 것들은 나중에 발견된 스칸듐, 갈륨, 테크네튬, 저마늄 같은 원소들과 꽤 잘 맞아떨어졌다.

'에카'라는 접두사는 멘델레예프가 나중에 사용했던 '데비'나 '트리'라는 접두사와 마찬가지로 고대 인도 산스크리트어로 숫자 1, 2, 3을 뜻했다. 멘델레예프는 자신의 표에서 이미 이름이 있는 원소들의 1, 2, 3칸 아래에 빈 칸이 있으면 아직 발견되지 않은 원소를 표시할 때 이런 접두사들을 썼다. 예를 들어 '에카-알루미늄'은 주기율표에서 알루미늄보다 1주기 아래에 있는 빈 칸의 원소 이름이었다. 멘델레예프가 산스크리트어를 선택한 이유는 이 언어를 발전시킨 고대 인도 학자들을 기리기 위해서였을 것이다. 산스크리트어를 연구하는 문법학자들은 우리 구강 구조가 만들어내는 2차원적인 패턴의 기본적인 소리를 바탕으로 했는데, 마찬가지로 멘델레예프도 반복되는 화학적 성질의 2차원적 패턴을 바탕으로 자신의 주기율표를 구성했다.

멘델레예프는 당시에 알려진 특정 원소의 원자량이 잘못되었다는 사실을 알리려고 했다. 예컨대 당시에는 텔루륨의 원자량이 128이라고 측정되어 있었지만, 자신의 표에 따르면 실제로는 123과 126 사이였다. 하지만 이 사례에서는 멘델레예프가 주장한 수치도 잘못되었다('텔루륨' 참조). 비록 다른 대부분의 측정치는 옳았지만 말이다.

손에 잡히지 않는 원소들

수소는 여러 원소가 족의 특성을 다양하게 드러내는 주기율표 안에서 제자리를 찾지 못하는 듯했다. 이런 이유로 수소는 맨 위 1족에 배치되었다. 주기율표의 예측력은 강력했지만 특정 족은 예측하지 못했다. 바로 비활성기체들로 이뤄진 족이었다. 이 원소들은 화학적인 반응성이 낮아서 화학 반응을 보이지 않았고, 당시의 기술로는 이 기체들을 따로 분리하지도 못했다. 활성이 부족한 이 기체들은 기체를 액화시키거나 분광학을 응용한 원자 확인 기술이 발견된 이후에야 처음 모습을 드러냈다.

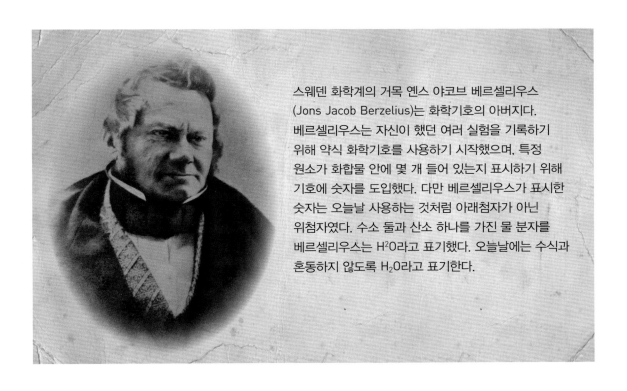

스웨덴 화학계의 거목 옌스 야코브 베르셀리우스 (Jons Jacob Berzelius)는 화학기호의 아버지다. 베르셀리우스는 자신이 했던 여러 실험을 기록하기 위해 약식 화학기호를 사용하기 시작했으며, 특정 원소가 화합물 안에 몇 개 들어 있는지 표시하기 위해 기호에 숫자를 도입했다. 다만 베르셀리우스가 표시한 숫자는 오늘날 사용하는 것처럼 아래첨자가 아닌 위첨자였다. 수소 둘과 산소 하나를 가진 물 분자를 베르셀리우스는 H^2O라고 표기했다. 오늘날에는 수식과 혼동하지 않도록 H_2O라고 표기한다.

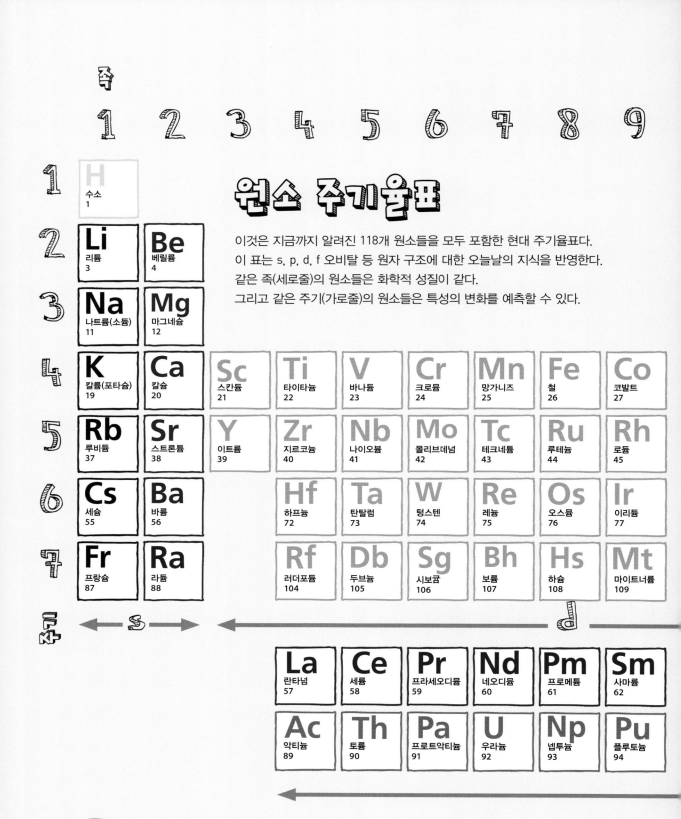

원소 주기율표

이것은 지금까지 알려진 118개 원소들을 모두 포함한 현대 주기율표다.
이 표는 s, p, d, f 오비탈 등 원자 구조에 대한 오늘날의 지식을 반영한다.
같은 족(세로줄)의 원소들은 화학적 성질이 같다.
그리고 같은 주기(가로줄)의 원소들은 특성의 변화를 예측할 수 있다.

10 11 12 13 14 15 16 17 18

키워드

1족: 알칼리금속
2족: 알칼리토금속
3~12족: 전이금속
13~16족: 전이후금속
             준금속, 비금속
17족: 할로겐
18족: 비활성기체
란타넘족, 악티늄족: 금속

								He 헬륨 2
			B 붕소 5	**C** 탄소 6	**N** 질소 7	**O** 산소 8	**F** 플루오린 9	**Ne** 네온 10
			Al 알루미늄 13	**Si** 규소 14	**P** 인 15	**S** 황 16	**Cl** 염소 17	**Ar** 아르곤 18
Ni 니켈 28	**Cu** 구리 29	**Zn** 아연 30	**Ga** 갈륨 31	**Ge** 저마늄 32	**As** 비소 33	**Se** 셀레늄 34	**Br** 브로민 35	**Kr** 크립톤 36
Pd 팔라듐 46	**Ag** 은 47	**Cd** 카드뮴 48	**In** 인듐 49	**Sn** 주석 50	**Sb** 안티모니 51	**Te** 텔루륨 52	**I** 아이오딘 53	**Xe** 제논 54
Pt 백금 78	**Au** 금 79	**Hg** 수은 80	**Tl** 탈륨 81	**Pb** 납 82	**Bi** 비스무트 83	**Po** 폴로늄 84	**At** 아스타틴 85	**Rn** 라돈 86
Ds 다름슈타튬 110	**Rg** 뢴트게늄 111	**Cn** 코페르니슘 112	**Nh** 니호늄 113	**Fl** 플레로븀 114	**Mc** 모스코븀 115	**Lv** 리버모륨 116	**Ts** 테네신 117	**Og** 오가네손 118

P

Eu 유로퓸 63	**Gd** 가돌리늄 64	**Tb** 터븀 65	**Dy** 디스프로슘 66	**Ho** 홀뮴 67	**Er** 어븀 68	**Tm** 툴륨 69	**Yb** 이터븀 70	**Lu** 루테튬 71
Am 아메리슘 95	**Cm** 퀴륨 96	**Bk** 버클륨 97	**Cf** 캘리포늄 98	**Es** 아인슈타이늄 99	**Fm** 페르뮴 100	**Md** 멘델레븀 101	**No** 노벨륨 102	**Lr** 로렌슘 103

f

원자물리학
원소의 가장 작은 일부

원자

원자론을 주장한 고대 그리스의 철학자들은, 사물을 구성하는 가장 작은 요소를 안다면 그 사물을 진정으로 이해할 수 있다고 생각했다. 요즘으로 치면 과학자라고 할 만한 자연철학자들은 이런 생각을 기초로

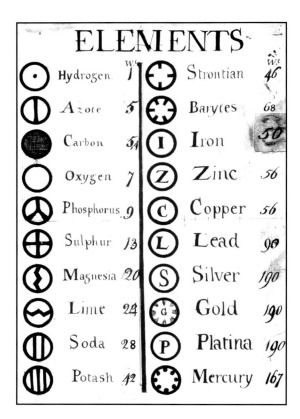

1908년에 존 돌턴이 원자의 무게와 기호를 표로 정리한 결과물이다. 돌턴은 몇몇 '원소'를 포함시켰는데, 사실은 둘 이상의 원소로 이뤄진 화합물로 알려져 있다.

자연 속의 가장 작은 단위를 찾고자 했다. 가장 작은 단위는 바로 원자(atom)였는데, '쪼개지지 않는'이라는 의미를 가진 그리스어 'atomos'에서 유래했다.

18세기의 화학자들은 몇몇 물질이 더 단순한 화학물질의 조합으로 이뤄졌다는 사실을 밝혔다. 그리고 19세기 초반에 많은 화학자가 이 화합물의 전체 '화합량(당량)'을 조심스레 측정하고자 했다. 영국의 화학자 존 돌턴(John Dalton)은 각각의 화합물에서 화합물을 형성하는 부분들의 상대적인 무게를 잴 수 있다는 사실을 보여주었다. 돌턴의 원자 이론에 따르면 화학물질이 정수 단위로 반응하는데, 돌턴의 논문에 실린 표를 보면 이 단순한 단위의 무게는 수소의 무게에 비례했다.

한 세기 넘게 과학자들은 대부분 이런 화학적인 원자가 존재한다는 사실에 의심을 품었다. 그러던 중 1905년에 스위스 출신의 특허청 직원 알베르트 아인슈타인(Albert Einstein)은 원자 개념을 활용해 브라운 운동이라는 기묘한 현상을 설명했다. 식물학자 로버트 브라운(Robert Brown)은 1827년에 현미경을 들여다보다가 먼지 입자가 물속에서 불규칙하고 이상하게 움직인다는 사실을 관찰한 바 있다. 아인슈타인은 먼지가 원자처럼 개별 단위로 서로 충돌한다면 이 무작위적인 움직임을 수학적으로 설명할 수 있다고 여겼다. 프랑스의 물리학자 장 페랭(Jean Perrin)은 아인슈타인의 이론을 활용해 1908년에 원자의 크기와 질량을 구했다.

원자의 내부

아인슈타인의 원자론이 확증된 것은 이론이 등장하고 한참 지나서였다. 하지만 그 전에도 원자론을 대체

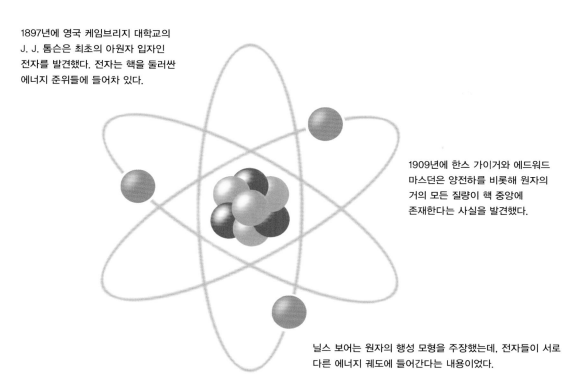

1897년에 영국 케임브리지 대학교의 J. J. 톰슨은 최초의 아원자 입자인 전자를 발견했다. 전자는 핵을 둘러싼 에너지 준위들에 들어차 있다.

1909년에 한스 가이거와 에드워드 마스던은 양전하를 비롯해 원자의 거의 모든 질량이 핵 중앙에 존재한다는 사실을 발견했다.

닐스 보어는 원자의 행성 모형을 주장했는데, 전자들이 서로 다른 에너지 궤도에 들어간다는 내용이었다.

했던 이론이 존재했다. 낮에는 의사, 밤에는 과학자였던 리처드 레이밍(Richard Laming)은 1838년에서 1851년 사이에 전하의 기본 단위를 다룬 여러 논문을 발표했다. 이 기본 단위는 원소의 화학적인 성질을 설명해주었다. 19세기 후반이 되자 여러 과학자가 이 '전기의 원자'를 연구하면서 여러 실험을 진행했고, 이 개념은 주류 화학으로 자리 잡았다. 1891년에는 아일랜드 출신의 물리학자 조지 스토니(George Johnstone Stoney)는 '전기의 원자'에 '전자'라는 이름을 붙였다.

스토니를 비롯한 학자들이 길을 닦아준 결과, 1897년에 영국 케임브리지 대학교의 J. J. 톰슨(J. J. Thompson)은 중요한 수치를 측정해냈다. 톰슨은 금속판을 고전압으로 대전시켜 거기서 방출되는 음극선 복사를 연구하는 중이었다. 그 결과 자석이 있으면 음극선의 경로가 바뀌었다. 이 결과는 음극선이 다른 방사선과 다르며, 전기적으로 대전된 입자로 이뤄져 있고 그 입자의 질량이 어떤 화학 원자에서 측정된 값보다 훨씬 작다는 사실을 시사했다.

전자가 발견되면서, 전자가 들어 있는 원자의 모습을 상상해보는 아이디어들이 쏟아졌다. 원자는 전기적으로 중성이라고 여겨졌는데, 이는 전자와 달리 그 경로가 자석에 의해 휘어지지 않았기 때문이다. 톰슨은 음전하로 대전된 전자 입자가 양전하라는 바다에 고르게 퍼져 있을 것이라고 상상했다. 영국 맨체스터 대학교의 연구자인 한스 가이거(Hans Geiger)와 그의 학생 어니스트 마스던(Ernest Marsden)은 '건포도 넣은 푸딩'으로 알려진 이 모형이 과연 맞는지 실험을 진행했다. 이 대학교의 물리학과 학장인 어니스트 러더퍼드(Ernest Rutherford)가 이 실험을 주의 깊게 지켜보았다. 가이거와 마스던은 러더퍼드가 최근에 발견한 알파 입자의 복사 현상(34쪽, '헬륨' 참고)을 금같이 큰 원자의 내부를 탐색하는 데 활용했다. 얇은 금박에 양전하로 대전된 입자를 쏟아부은 결과 대부분의 입자들은 그대로 휙 통과해버렸다. 하지만 매우 드물게 알파 입자가 벽에 튕긴 공처럼 얇은 금박에서 다시 튕겨 나가는 경우가 있었다.

이 관찰 결과는 원자 속의 양전하가 고르게 분포하지 않으며, 좁은 지역 한 곳에 몰려 있다는 사실을 입증했다. 양전하가 상당히 밀집되어 있어야만, 역시 양전하를 띤 알파 입자를 굴절시켜 튕겨낼 수 있기 때문이다. 이것을 본 러더퍼드는 톰슨이 발견한 음전하를 띤 전자들이 양전하가 밀집된 원자핵을 행성처럼 돈다고 상상했다. 오늘날 우리는 핵이 양전하를 띠는 이유가 양성자라고 불리는 작은 입자들 때문이라는 사실을 알고 있다. 핵 안에는 양성자와 함께 중성자도 들어 있다(64쪽, '철' 참고). 하지만 원자의 행성 모형은 불안정해 보였는데, 행성 모형대로라면 전자들이 반대 전하를 띤 핵에 강하게 이끌려 나선 궤도를 그리며 안쪽으로 빨려들 것이기 때문이었다.

원자의 구조

19세기 내내 많은 화학 원소가 발견되었다. 원소들이 방출하는 빛 덕분이었다. 원소들은 연속적인 빛의 스펙트럼을 내보내는 것이 아니라 특정 색깔의 몇몇 빛만 방출했다. 이것은 스펙트럼의 줄무늬로 나타나는데, 바코드 같은 선 패턴을 보면 마치 지문처럼 특정 원자를 찾아낼 수 있었다. 새로운 스펙트럼선이 관찰된다면, 이것은 새로운 화학 원소가 발견되었다는 뜻이었다. 우리가 빛의 색을 인식하는 이유는 그 에너지 때문이다. 1880년대에 요하네스 뤼드베리(Johannes Rydberg)는 스펙트럼선을 원자 속의 알려지지 않은 에너지 준위의 배열과 연결 지었다. 여러 원자 사이에서 공통되는 스펙트럼선을 많이 발견했기 때문이다. 20세기가 되면서 덴마크의 물리학자 닐스 보어(Niels Bohr)는 이 아이디어를 확장해 빛 에너지가 가진 스펙트럼선을 원자 속 전자 궤도의 에너지와 연결했다.

지면에 있는 어떤 물건을 들어 올리려면 에너지가 필요하다. 마찬가지로 원자핵에서 멀리 떨어진 궤도로 전자를 들어 올리려면 에너지가 필요하다. 또 지면에서 들어 올린 물건은 중력에 의한 위치 에너지를 가진다. 이 위치 에너지는 그 물건이 아래로 떨어질 때 운동 에너지로 바뀐다. 이와 비슷하게, 양전하를 띤 핵에서 더 먼 궤도로 오르려면 음전하를 띤 전자에게는 전기 에너지가 필요하다. 전기 에너지를 얻

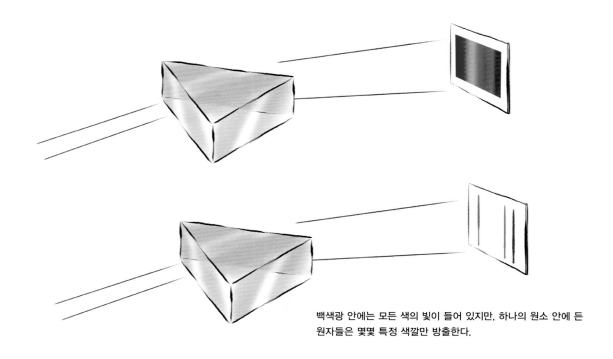

백색광 안에는 모든 색의 빛이 들어 있지만, 하나의 원소 안에 든 원자들은 몇몇 특정 색깔만 방출한다.

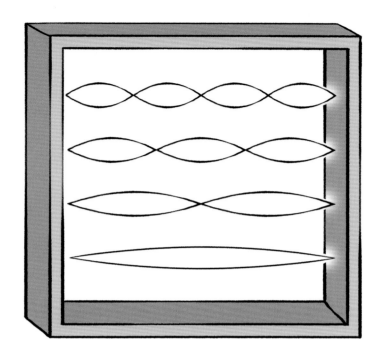

진동하는 줄의 에너지가 클수록 진동은 더 복잡해지며, 최대 진동과 최소 진동을 나타내는 지점이 더 많아진다는 사실을 알 수 있다.

거나 되돌려주는 일은 빛을 흡수하거나 방출할 때 생긴다. 빛을 흡수하거나 방출한 에너지의 양은 원자 속 전자 오비탈 사이의 에너지 차이에 달려 있다. 보어에 따르면 이때 만약 원자에서 나오는 빛이 특정 에너지만 가진다면, 전자가 원자 안에서 특정 에너지만 가지고 궤도를 돈다는 뜻이었다.

이런 분리된 개개의 에너지는 양쪽 끝이 고정된 기타 줄의 진동에서도 나타난다. 기타처럼 양 끝이 막힌 공간에 묶인 줄의 진동에서도 나타난다. 만약 우리가 약간의 에너지를 줘서 줄을 튕긴다면, 줄의 한가운데에만 최대 진동이 일어나고 줄이 붙은 양 끝의 진동은 0일 것이다. 하지만 조금 더 세게 줄을 튕긴다면 진동하는 점이 추가로 더 생긴다. 계속해서 힘을 점차 늘려 줄을 튕기면 진동이 일어나는 수가 늘어나며, 패턴이 점차 뚜렷해진다. 에너지가 높아질수록 진동하는 점과 정지된 점이 하나씩 늘어난다. 줄에 실린 에너지는 줄이 처음에 가진 가장 낮은 진동수와 직접 연결된다. 각 파동은 가장 작은 양 n의 정수배로 나타낼 수 있다. 그렇기 때문에 우리는 이 파동이 양자

수 n의 배수로 양자화되었다고 말할 수 있다.

이처럼 진동하는 줄은 보어의 원자 속 전자 오비탈 모형을 잘 표현한다. 이 모형 속에서 핵에서 멀어진 각각의 오비탈은 하나의 양자수가 늘어난 데 불과하다.

이제 앞서 언급한 중력의 비유로 돌아가보자. 바닥에 있는 물건 하나를 들어 올렸다가 떨어뜨리면 중력 에너지의 전체 변화량은 0일 것이다. 마찬가지로 원자핵으로 전자 하나가 나선을 그리며 안쪽으로 빨려 들어간다면 그 에너지는 0으로 떨어진다. 하지만 보어는 전자 오비탈이 줄에 생기는 진동처럼 양자화되어 있다면, 오비탈이 가진 에너지는 이 양자의 배수로만 나타날 것이라고 주장했다. 이것은 전자가 어떤 원자 주위를 돌 때 그 전자가 갖는 에너지는 양자라는 최소 단위보다 작을 수는 없다는 뜻이다. 따라서 오비탈 에너지는 결코 0이 될 수 없고, 전자들은 핵 안쪽을 향해 나선을 그리며 떨어질 수 없다. 그렇기 때문에 원자들은 안정적이다. 또한 이것은 원자의 양자물리학이라는 세계로 우리를 초대한다.

원자의 양자물리학
화학적 행동의 기초

아원자 입자들이 보이는 기묘한 행동 덕분에 양자물리학이라는 분야가 새로 태어났다.
이 과학 분야는 오늘날 원자를 가장 자세하게 묘사한다. 원소들의 배열과 성질은 이 기본 모형에서
있는 그대로 드러나는 것처럼 보인다.

빛과 물질

1801년, 토머스 영(Thomas Young)은 빛이 미립자라고 불리는 일종의 입자로 이루어져 있다는 아이작 뉴턴(Isaac Newton)의 주장을 뒤집었다. 영은 빛을 두 개의 좁은 틈새(슬릿)로 통과시키면, 밝은 선과 어두운 선이 차례로 스크린에 비친다는 사실을 발견했다. 이 패턴을 설명하기 위해서는 빛이 파동처럼 행동해야 했다. 파동은 각 틈새를 통해 바깥쪽으로 퍼지는데 그 모습이 연못의 물결 같았다. 이때 두 개의 물결이 겹치면서 한 물결의 봉우리가 다른 물결의 봉우리와 닿을 수 있었다. 이처럼 보강 간섭이 나타나면 봉우리가 서로 합쳐지면서 더 높은 봉우리를 이룬다. 또 이와 달리, 한 물결의 봉우리가 다른 물결의 가장 낮은 지점(골)과 만날 수도 있다. 이것을 상쇄 간섭이라 하는데, 그러면 봉우리가 다른 물결의 골을 메우면서 파동이 둘 다 사라지고 만다. 이에 따라 영의 실험에서 보강 간섭으로 인한 밝은 띠와 상쇄 간섭으로 인한 어두운 띠가 나타났던 것이다. 빛은 파동이었다!

하지만 그로부터 100년이 지난 1905년, 빛의 정체에 대한 설명은 다시 한 번 뒤집혔다. 영의 무척 혼란스러운 관찰 결과에 대답이라도 하듯, 아인슈타인은 훌륭한 논문 한 편을 발표한다. 예컨대 금속 조각에 보라색 빛을 쬔 결과 금속 표면에서 전자들이 방출된다. 그리고 바닷가에서는 파도의 에너지가 증가할수록 더 많은 모래가 쓸려 나간다. 하지만 빛은 달랐다. 빛 에너지가 증가해도 금속에서 방출되는 전자

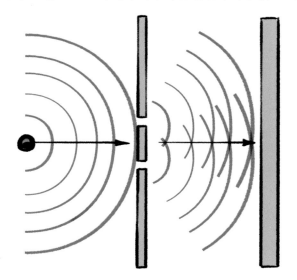

1801년에 영이 한 실험에 따르면 빛은 파동처럼 행동하며, 한 파동이 다른 파동과 상호작용하면서 간섭 패턴이 나타난다.

아인슈타인은 현상을 설명하려고 노력하다가 양자물리학이라는 영역으로 이끌려 들어갔다. 하지만 아인슈타인은 이 영역을 불편하게 여겼다.

의 수가 늘어나지는 않았다. 더 많은 전자를 방출시키는 유일한 방법은 빛을 더 밝게 해서 금속 표면에 더 많은 빛을 쪼이는 것뿐이었다. 아인슈타인은 이 현상을 설명하려면 빛이 에너지 덩어리처럼 행동해야 한다는 사실을 수학적으로 보여주었다. 이것은 뉴턴이 주장한 입자와 비슷했다.

양자

빛은 고전적인 입자도, 파동도 아닌 완전히 새로운 무엇인 것처럼 보였다. 아인슈타인은 빛이 전자와 상호작용할 때는 덩어리가 진 입자처럼 행동한다는 사실을 보여주었다. 하지만 영의 간섭 실험은 빛이 상호작용을 하지 않으면 파동처럼 행동한다는 사실을 증명했다. 빛은 양자, 즉 '광자'라 불리는 에너지 꾸러미로 이루어져 있었다.

영의 이중 슬릿 실험에서 빛이 갖는 에너지는 변화하지 않았다. 다만 빛의 색깔이 바뀌었다. 상쇄 간섭일 때 빛의 파동은 에너지가 낮아지는 대신 빨간색에 가까워졌다. 반대로 보강 간섭일 때는 에너지가 높아지는 대신 파란색에 가까워졌다. 빛은 색깔을 얻으면서 스크린의 서로 다른 곳에서 밝아지거나 어두워졌다. 이런 현상이 나타나는 이유는 스크린의 여러

곳에 도달하는 광자의 수가 변하기 때문이지, 각 광자의 에너지가 바뀌기 때문은 아니었다. 이런 빛이 파동 비슷하게 행동하면서 보이는 간섭 현상은 스크린의 특정 장소에 광자가 투사될 가능성을 결정짓는다.

이때 광자가 틈새를 통과해 스크린에 투사되는 경로는 확률에 따라 결정된다. 아인슈타인은 이 확률을 주사위 던지기라고 압축해 표현했다. 그 말은, 광자가 어떤 경로를 거쳐 어디에 도착하게 될지 알 수 없다는 뜻이다. 심지어 경로의 출발점을 안다 해도 마찬가지다. 대신에 우리는 어떤 광자가 각각의 장소에 존재하게 될 확률을 계산할 수 있을 뿐이다. 이런 현상은 당시 물리학이 보여줬던 결정적인 법칙과 매우 다르다. 당시의 물리학 법칙에 따르면 초기 조건들이 알려져 있으면 하나의 독특한 결과를 계산할 수 있었다. 아인슈타인의 논문은 양자물리학이라는 새로운 분야의 도화선에 불을 붙였다. 하지만 아인슈타인은 자연의 불확정적인 특징 때문에 말년까지 이 점을 두고 고민했다.

루이 드브로이(Louis de Broglie)는 1923년에 전자와 양성자, 중성자, 원자 또한 빛과 비슷하게 기묘한 방식으로 행동한다고 주장했다. 관찰 결과 이들은 때로 입자 덩어리처럼 행동하고, 때로는 확률 파동

처럼 행동했다. 1927년에는 이 이론의 실험적인 증거가 발견되었다. 영국의 조지 패짓 톰슨(George Paget Thompson), 미국의 클린턴 데이비슨(Clinton Davisson), 레스터 저머(Lester Germer)는 전자 빔을 이용해 영의 간섭 패턴을 관찰했다.

그리고 에르빈 슈뢰딩거(Erwin Schrodinger), 베르너 하이젠베르크(Werner Heisenberg), 막스 보른(Max Born), 파스쿠알 요르단(Pascual Jordan)은 각각 독자적으로 '물질파'라는 드브로이의 아이디어를 이용해 이론을 발전시켰다. 그 결과 특정 장소에 특정 에너지 수준을 가진 아원자 입자가 발견될 가능성을 수학적으로 계산하는 수단이 생겼다. 그리고 그것이 양자적인 무언가의 움직임을 다뤘기 때문에, 이 이론은 '양자역학'이라고 불렸다. 흥미롭게도 그동안 별것 아니라고 생각했던 수소가 양자역학을 입증하는 데 중요한 역할을 했다. 양자역학은 수소 원자 안에서 전자의 구조를 예측하는 데 활용되었다('수소' 참고).

삼차원 파동

앞서 이야기한 보어의 진동하는 줄은 원자 속의 전자가 갖는 에너지를 표현하는 좋은 비유다. 하지만 이 비유가 전체 그림을 보여주지는 않는다. 오늘날 우리는 양자 파동의 진동 세기는 에너지가 아니라, 전자를 특정 장소에서 발견할 확률을 나타낸다는 사실을 알고 있다. 이때 확률은 특정 장소에서 진동 크기(진폭)를 제곱한(스스로의 값을 한 번 더 곱한) 값과 같다. 양자 파동의 에너지는 파동이 진동하는 지점의 개수로 표현할 수 있다. 앞서 이야기했듯이, 이것은 상자 안에서 진동하는 기타 줄과 비슷하다. 각 줄이 갖는 에너지는 양자수 n으로 정의할 수 있다.

우리는 줄의 에너지가 가장 낮은 점이 대부분 상자 한가운데이며 여기서 전자가 발견될 것이라 예상한다. 이때 에너지가 점점 늘어날수록 전자가 발견될 위치는 점점 많아질 것이다. 하지만 여러분은 상자 속에서 줄을 따라서만 왔다 갔다 할 수 있다. 이 양방향 운동은 1차원 공간만 나타낸다. 반면에 우리는 위아래, 앞뒤, 왼쪽 오른쪽이라는 3차원 공간에 살고 있다. 3차원의 원자에서 전자 오비탈의 에너지를 모형으로 나타내려면 3차원(3D)인 구름으로 나아가야 한다. 전자는 3차원 핵의 주위를 도는데, 이때 전자구름은 전자가 발견될 확률이 가장 높은 지점들을 나타낸다. 줄과 마찬가지로 전자구름에서도 에너지가 높아질수록 진동 방식도 늘어난다. 이것은 구름의 모양이 더 많이 분할되는 모습으로 드러난다. 전자를 포함할 확률이 동등한 여러 지역으로 나뉘는 것이다.

하나의 양자수가 1차원 줄이 갖는 에너지를 독특하게 정의한다면, 3차원 진동 방식을 정의하는 데 양자수 3개가 필요하다. 그 가운데 첫 번째 주양자수(n)는 어떤 구름이 원자핵에서 가질 수 있는 최대 거리를 나타내는데, 화학자들은 이것을 전자껍질이라고

전자 궤도의 에너지가 증가하면, 전자구름의 서로 다른 진동 방식은 그 모양이 더욱 복잡해진다.

정의한다. 그리고 두 번째 방위양자수(혹은 부양자수) l은 진동 방식이 몇 개인지 알려주며, 그에 따라 각 전자껍질의 모양을 알 수 있다. 화학자들은 오비탈(전자부껍질)이라고 부른다. 마지막 세 번째 자기양자수 m은 핵을 둘러싼 각 전자구름의 로브(lobe, 돌출부)의 방향을 결정한다.

줄의 경우에는 각 에너지가 가장 낮은 바닥상태일 때 $n=1$, $l=0$, $m=0$이다. 이 3개의 양자수는 서로 밀접하게 연결되어 있다. n이 주어지면 l은 0에서 $n-1$ 사이의 값만 가질 수 있다. 그리고 m은 -1에서 $+1$ 사이의 값을 가진다. 이것은 $n=1$일 때 전자구름은 구형이라는 사실을 뜻한다. 전자구름이 분열되지 않았고($l=0$이므로) 전자구름의 로브도 없기 때문이다($m=0$). $n=2$일 경우, $n=2$, $l=0$, $m=0$일 때 전자의 에너지가 가장 낮은데, 이것은 에너지가 높은 바닥상태다. $n=2$, $l=1$일 때 m은 -1, 0, 1에 해당하는 3개의 로브를 포함할 수 있다. n값이 커지면 새로운 구름이 생겨나며 로브의 수도 따라서 늘어난다.

양자물리학에서는 이런 방식으로 숫자를 매기지만, 화학자들은 오비탈을 조금 다른 식으로 표기한다. 전자껍질을 n이라는 숫자로 표시하는 것은 같지만 오비탈인 l은 숫자가 아닌 문자로 표시한다. 이 문자는 원자의 스펙트럼선 발견을 둘러싼 역사적인 명명법과 관련이 있다. $l=0=s$ (s는 '날카로운'이란 뜻인 'sharp'의 약자)이고, $l=1=p$ (p는 '주요한'이란 뜻인 'principal'의 약자), $l=2=d$ (d는 '분산된'이란 뜻인 'diffuse'의 약자), $l=3=f$ (f는 '가는, 섬세한'이란 뜻인 'fine'의 약자)인 식이다. l이 더 높아져도 알파벳 순서를 따르기 때문에 그 다음은 $l=4=g$가 될 테지만 현재 알려진 모든 원소는 기껏해야 f 오비탈을 가진다. 즉 양자수 $n=2$, $l=1$인 전자에 대해 화학자들은 그 전자가 $2p$ 오비탈에 있다고 말하며, $n=3$, $l=0$의 전자는 $3s$ 오비탈에 있다고 말한다.

스핀의 불확정성

한 오비탈에 채워질 수 있는 최대의 전자 수는 2개다. 볼프강 파울리(Wolfgang Pauli)는 어떤 원자를 구성

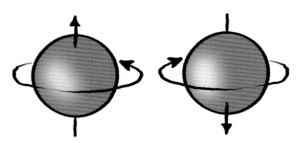

전자는 내부 '스핀'이라는 성질을 갖는데, 이 성질은 팽이 비슷한 전자 두 개를 구별하는 데 쓰일 수 있다.

하는 같은 전자나 입자 둘이 동일한 에너지를 갖고 같은 공간에 속할 수 없다고 주장했는데, 옳은 생각이었다. 즉 같은 구름 로브에 속하는 두 개의 전자는 각자 독특하게 식별되는 특징을 가져야 했다. 이런 특징이 양자 스핀인데, 이것은 회전하는 팽이와 비슷하다. 만약 팽이가 유리 탁자에서 시계 방향으로 돈다면 아래에서 볼 때는 시계 반대 방향으로 도는 것처럼 보인다. 이 팽이는 처음부터 시계 반대 방향으로 돌며 아래에서 보면 시계 방향으로 도는 것처럼 보이는 팽이와는 무척 다르다. 이 각각의 상황이 눈으로 봤을 때 달라 보이는 만큼, 실험에서 두 가지의 내부 스핀 상태를 가진 전자들 또한 서로 구별된다(즉, 한 오비탈에 2개의 전자가 채워져 쌍을 이룰 때 각 전자는 시계 방향 또는 반시계 방향의 스핀을 가져야 한다―옮긴이). 이 양자 스핀은 새로운 양자수를 도입한다. 개별 전자에 각기 $+1$과 -1의 값을 부여하는 것이다. 이런 식으로 2개의 전자는 파울리의 배타 원리를 따라 하나의 전자구름 로브 안쪽에 들어갈 수 있다.

이 점을 염두에 두면 s 오비탈($l=0$, $m=0$)은 로브가 하나뿐이므로 이 안에 2개의 전자만 들어간다. 또 p 오비탈($l=1$, $m=-1$, 0, $+1$)은 로브가 셋이므로 전자는 총 6개가 들어갈 수 있다. 이런 식으로 d 오비탈($l=2$, $m=-2$, -1, 0, $+1$, $+2$)은 전자 10개, f 오비탈($l=3$, $m=-3$, -2, -1, 0, $+1$, $+2$, $+3$)은 전자 14개가 들어간다. 즉 각 오비탈은 $2(l+1)$개의 전자를 담을 수 있다.

흐름과 패턴
흔적을 찾아가 원자를 메우기

주기율표는 화학 원소들이 서로 반응하거나 더욱 복잡한 화학물질과 반응할 때 어떤 반응이 나타날지 예측하는 강력한 도구다. 대개 어떤 원자의 가장 바깥껍질에 있는 원자가전자가 공유되거나 교환될 때 화학 반응이 일어난다. 가장 바깥껍질로 전자를 끌어들이거나 전자를 내보내는 원자의 힘이 그 원소의 성질을 좌우한다.

원자번호와 원자의 크기
원소의 원자번호는 핵 속의 양성자 수로 결정된다. 즉 핵을 둘러싼 궤도의 전자 수로 결정된다. 원자번호가 증가하면 원소의 질량이 늘기 때문에 원자량 역시 늘어난다. 이때 안정성을 확보하기 위해 핵에 중성자가 추가되는데, 그 필요한 수에 따라 각 원소별로 무게

는 다양하게 늘어난다. 예컨대 양성자 6개, 중성자 6개, 전자 6개를 가진 탄소-12 질량을 12로 나눠서 계산한다. 이 수는 정수가 아니다. 그 이유는 핵 속에서 양성자의 개수 등 원자의 전체 질량에 영향을 끼치는 요인이 여럿이기 때문이다.

주기율표의 세로줄에 차례로 쌓인 족은 화학적

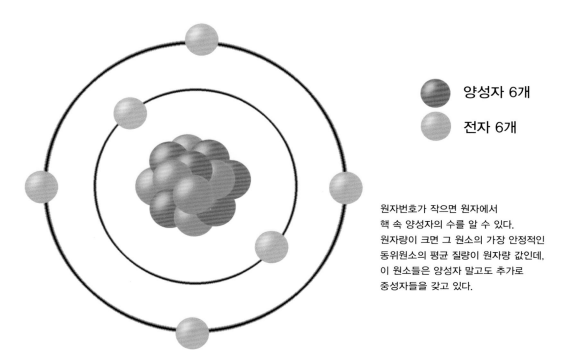

양성자 6개

전자 6개

원자번호가 작으면 원자에서 핵 속 양성자의 수를 알 수 있다. 원자량이 크면 그 원소의 가장 안정적인 동위원소의 평균 질량이 원자량 값인데, 이 원소들은 양성자 말고도 추가로 중성자들을 갖고 있다.

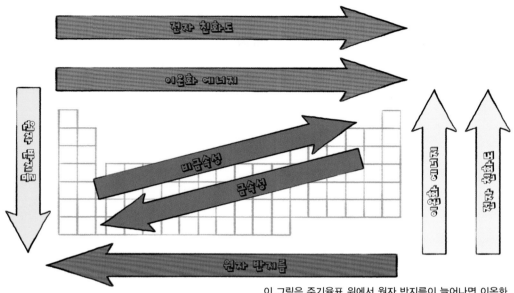

이 그림은 주기율표 위에서 원자 반지름이 늘어나면 이온화 에너지와 금속성이 어떻게 달라지는지 보여준다.

성질이 비슷한 원소들의 모음이다. 화학적 성질이 같은 이유는 이 원소들이 같은 유형의 오비탈 안에 같은 수의 원자가전자를 가지기 때문이다(원자가전자는 화학반응에 참여할 수 있는 전자를 말하며, 최외각전자는 가장 바깥껍질에 있는 전자를 말한다. 그래서 18족 비활성기체의 경우, 원자가전자는 0개이지만, 최외각전자는 8개이다 — 옮긴이). 1족은 가장 바깥쪽 s 오비탈에 1개의 전자를 갖지만, 2족은 바깥쪽 s 오비탈에 2개의 전자를 가진다.

원자번호가 증가할수록 원자에는 더 많은 전자가 쌓인다. 유리잔에 액체가 차는 것처럼 원자가전자는 마지막에 더해질수록 핵에서 점점 더 멀어진다. 따라서 원자의 반지름을 계산할 수 있다면, 동일한 족에서 밑으로 내려갈수록 원자번호는 커질 것이다. 원자가 커지면 원자가전자는 멀리 떨어진 채 자기를 끌어당기는 핵에서 탈출하기가 좀 더 쉬워진다. 이렇게 어떤 원자에서 전자 하나를 떼어 전기적으로 양전하를 만드는 데 필요한 에너지를 이온화 에너지라고 한다. 하나의 족에서 밑으로 내려가 원소의 반지름이 커지

면, 이온화 에너지는 떨어진다. 하지만 왼쪽에서 오른쪽으로 주기를 가로지를 때는 이런 흐름이 적용되지 않는다. 그 이유는 전자구름이 채워지는 방식과 관련이 있다.

어떻게 원자를 채울까

전자 배치 원리(Aufbau principle)는 원자 내부의 전자 배치에 관한 보어와 파울리의 원 개념을 담고 있다. 'Aufbau'란 독일어로 '구성, 구조'를 뜻한다. 이 원리의 현대적인 형태 역시 보어와 파울리의 아이디어를 많이 담고 있으며, 오비탈이 갖는 에너지의 순서를 말해준다. 이것은 마델룽의 규칙, 또는 클레치코프스키의 규칙이라고 한다. 이 규칙을 1929년에 처음으로 제안한 사람은 프랑스의 기술자 샤를 자네(Charles Janet)였는데, 이어 독일의 물리학자 에르빈 마델룽(Erwin Madelung)이 1936년에 이 규칙을 재발견했다. 그리고 1962년에는 소비에트 연방의 화학자 V. M. 클레치코프스키(V. M. Klechkowski)가 이 규칙을 이론으로 확립했다.

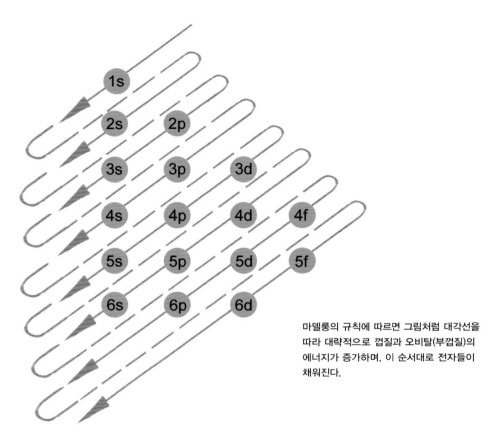

마델룽의 규칙에 따르면 그림처럼 대각선을 따라 대략적으로 껍질과 오비탈(부껍질)의 에너지가 증가하며, 이 순서대로 전자들이 채워진다.

이 규칙에 따르면 껍질은 에너지가 증가하는 순서로 전자가 채워지는데, 에너지가 낮은 껍질을 먼저 채운 뒤 에너지가 높은 껍질을 채운다. 양자수 n과 l은 둘 다 핵까지의 평균 거리에 영향을 준다. 이때 오비탈은 $n+1$ 값이 커지는 순서대로 채워진다. 만약 두 오비탈에서 $n+1$ 값이 같다면 껍질 번호가 작은 오비탈이 먼저 채워진다. 예컨대 $n=2$, $l=1$과 $n=3$, $l=0$가 있다면 $n=2$, $l=1$ 오비탈이 먼저 채워진다. 위의 전자 오비탈 도표를 보면 대각선 규칙에 따라 전자가 오비탈을 채운다는 사실을 알 수 있다. 각 가로줄의 맨 오른쪽 껍질에서 시작해 대각선 방향의 빨간 화살표를 따라 가장 왼쪽의 $l=0$에 도달하면 한 세로줄이 끝난다. 그러면 다시 화살표를 따라 다음 번 맨 오른쪽 껍질로 나아간다.

이 전자 배치 원리는 주기율표에서 무게가 가벼운 18개 원소에는 잘 적용되지만, 그 다음 100개 원소를 설명하는 데는 점점 정확성이 떨어진다. 다른 요소들이 끼어들기 때문이다. 이 점은 주기율표의 배치에서도 드러난다. 1족과 2족 원소들은 원자가전자가 s 오비탈에 하나 또는 둘 존재한다. 그리고 13족에서 18족까지는 원자가전자가 p 오비탈에 1개에서 6개 존재하며, 전이금속은 원자가전자가 d 오비탈에 있다. 한편 이 책에 실린 표를 포함해 대부분의 널리 퍼진 형식의 주기율표에 따로 떨어져 표시되는 란타넘족과 악티늄족 원소들은 원자가전자가 f 오비탈에 존재한다.

난 안정성이 필요해!

모든 원소는 되도록이면 가장 낮은 에너지 상태에 있으려 한다. 그 말은 원소들이 가능하면 대칭적인 전자 껍질을 가지려 하며 그 껍질을 꽉 채우려 한다는 뜻이다. 여기에 실패하면 원소들은 가능하면 대칭적이고 꽉 채운 오비탈(전자부껍질)을 가지려 한다. 이런 경향성은 주기율표의 주기(가로줄)를 따라 원소들의 반응성을 결정하는 주된 원동력이다. 어떤 주기의 왼쪽에서 오른쪽으로 갈수록 각 원소는 핵에 양성자가 하나 더해지고 같은 전자껍질에 전자가 하나씩 늘어난다. 이때 각 주기의 끄트머리에 자리한 18족의 비활성기체는 전자껍질을 꽉 채웠기 때문에 다른 물질과 잘 반응하지 않는다. 안정성을 얻기 위해 전자를 공유하거나 맞바꿀 필요가 없기 때문이다. 이 밖의 다른 원소들은 공유결합이나 이온결합을 통해 전자를 공유하거나 맞바꿔 비활성기체와 같은 상태에 들어가고자 한다. 낮은 족의 원소들은 전자를 내보내 자기보다 원자번호가 낮은 비활성기체의 전자 배치와 가까워지려고 한다. 높은 족의 원소들은 전자를 얻는 것이 비활성기체에 가까워지는 빠른 길이다. 낮지도, 높지도 않은 중간 족의 원소들은 느긋한 전이금속들이며 원자가 전자를 다양한 개수만큼 잃어 원하는 상태에 도달한다.

족의 아래로 내려가면 이온화 에너지가 감소하면서, 전자가 보다 느슨하게 붙잡혀 있어서 잃기 쉽다. 하지만 주기를 따라가다 보면 원소들이 전자껍질을 꽉 채워 완성하려 하기 때문에 전자를 잃기는 점점 어려워진다. 다시 말해 주기의 왼쪽에서 오른쪽으로 갈수록 이온화 에너지는 대체로 증가한다. 따라서

맨 위의 가장 오른쪽 원소들은 이온화 에너지가 높고, 맨 아래의 가장 왼쪽 원소들은 이온화 에너지가 낮다. 맨 위의 오른쪽 원소들은 전자를 내놓기보다는 끌어들이는 성질이 강하므로 전자 친화도가 높다고 할 수 있다. 전자 반지름 역시 주기율표의 왼쪽에서 오른쪽으로 갈수록 점점 작아지는데, 그 이유는 원소들의 핵이 원자가전자들을 꽉 붙잡고 놓아주지 않으려 하기 때문이다. 18족의 비활성기체들이 그런 성질이 가장 강하다.

금속일까, 아닐까?

일반적으로 말해서, 전자를 내놓으려는 성질은 금속성 원소들의 특성이다. 반대로 비금속 원소들은 전자를 끌어들이려 하고 내놓지 않으려 한다. 앞에서 말한 대각선으로 진행하는 흐름 때문에, 주기율표를 따라 금속과 비금속을 구분하는 계단식 선을 그을 수 있다. 이 선을 살펴보면, 사실상 대부분의 원소가 금속성이며 비금속 원소는 얼마 되지 않는다는 사실을 알 수 있다. 구분선 위에 자리한 원소들은 환경에 따라 금속성과 비금속성을 둘 다 띤다. 이런 원소들은 따로 준금속이라고 정의한다.

이런 경향성은 원소들이 가진 복잡한 성향과 특징을 자세히 다뤘다기보다는 큰 흐름을 이야기한 데 불과하다. 지금까지 말한 규칙에는 여러 예외가 존재하며 이 책에도 그것들을 강조해 다룰 예정이다.

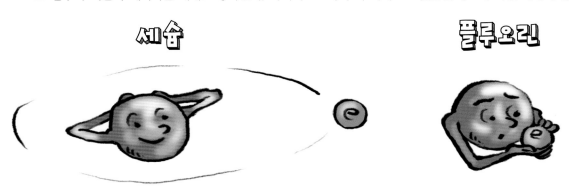

1족이며 주기율표의 아래에 자리한 세슘은 자신의 원자가전자를 자유롭게 내보내려고 하지만, 17족이며 주기율표의 위에 자리한 플루오린은 자기 전자를 꼭 붙들고 잃지 않으려 애쓴다.

흐름을 반영한 표

주기율표에 존재하는 여러 경향성 가운데 원소의 반응성을 가장 잘 말해주는 두 가지가 있다. 바로 원자의 크기와 전기음성도다.

바로 앞 절에서 말한 대로, 원자는 크기가 줄어들수록 자기 전자를 꼭 붙들고 놓지 않으려 한다. 왼쪽에서 오른쪽으로 갈수록 원자가전자를 잡아끌려는 경향이 높아진다. 아래 그림은 각 원소를 나타내는 타일을 늘어놓은 것이다. 타일의 색칠한 부분은 가장 덩치 큰 원소인 세슘과 비교했을 때 상대적인 크기를 나타낸다. 타일이 덜 색칠되어 있을수록 원소의 원자 반지름이 작다.

H								
Li	Be							
Na	Mg							
K	Ca	Sc	Ti	V	Cr	Mn	Fe	Co
Rb	Sr	Y	Zr	Nb	Mo	Tc	Ru	Rh
Cs	Ba		Hf	Ta	W	Re	Os	Ir
Fr	Ra		Rf	Db	Sg	Bh	Hs	Mt

La	Ce	Pr	Nd	Pm	Sm
Ac	Th	Pa	U	Np	Pu

또 타일의 색깔은 그 원소의 전기음성도를 나타내는데, 이 값은 플루오린이 가장 높고 세슘이 가장 낮다. 전기음성도란 어떤 원소의 원자가전자를 효과적으로 끌어당기는 정도를 나타낸다. 전기음성도를 측정한 사람은 미국의 화학자 라이너스 폴링(Linus Pauling)인데, 그는 서로 다른 원소의 원자 사이에 형성되는 결합의 세기를 실험적으로 조사하려고 했다. 폴링은 1932년에 이 아이디어를 처음으로 제안했다. 이때 비활성기체는 한 원소와만 반응하거나 때로는 어떤 원소와도 반응하지 않기 때문에 전기음성도 값을 측정할 수 없다. 그래서 아래 그림에서 회색으로 표시했다. 비활성기체 말고도 회색으로 색칠된 원소가 있는데, 이들 원소는 데이터가 불충분하기 때문에 회색으로 칠해놓았다.

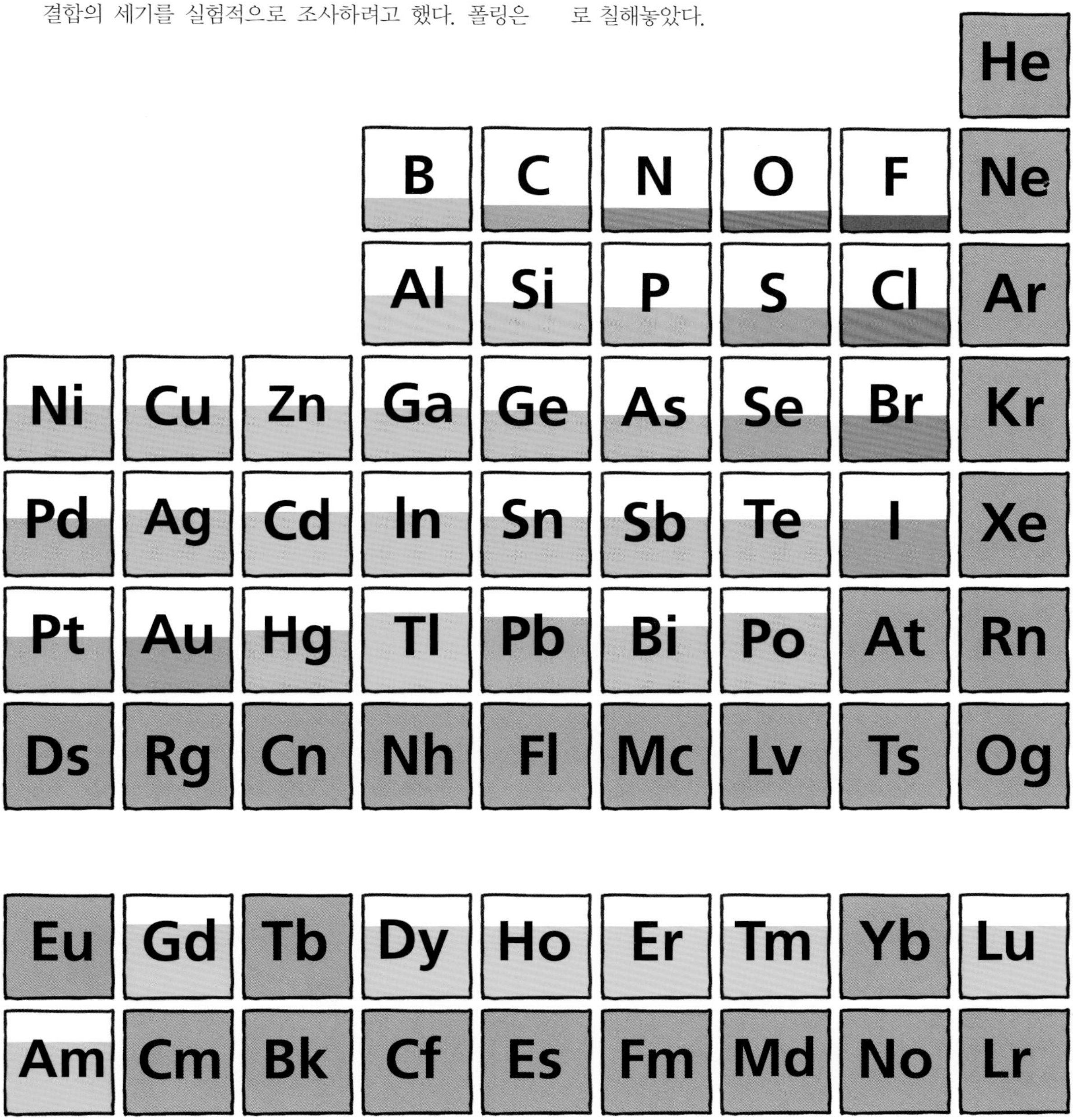

						He
B	C	N	O	F	Ne	
Al	Si	P	S	Cl	Ar	

Ni	Cu	Zn	Ga	Ge	As	Se	Br	Kr
Pd	Ag	Cd	In	Sn	Sb	Te	I	Xe
Pt	Au	Hg	Tl	Pb	Bi	Po	At	Rn
Ds	Rg	Cn	Nh	Fl	Mc	Lv	Ts	Og

Eu	Gd	Tb	Dy	Ho	Er	Tm	Yb	Lu
Am	Cm	Bk	Cf	Es	Fm	Md	No	Lr

수소

불같이 맹렬하게 반응하는 핵심 원소

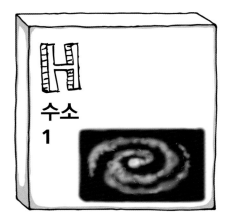

원자번호:	1
원자량:	1.0082
존재 비율:	1400mg/kg
반지름:	25pm
녹는점:	−259℃
끓는점:	−253℃
전자 배치:	$1s^1$
발견:	1766년, H. 캐번디시

수소는 약 140억 년 전부터 먼 여정을 걸어왔고 앞으로도 흥미진진한 미래를 겪을 것이다.

우주가 막 생겨서 10^{-35}초, 그러니까 0.00000000000000000000000000000000001초가 흐른 시점에는 아원자 입자들이 뜨겁고 걸쭉한 수프 같았다. 38만 년 동안 팽창하고 식은 이후에야, 최초의 전자가 엄청난 열기를 가까스로 이겨내고 양성자 또는 원자의 핵에 붙어서 최초의 원자를 이루었다. 이 최초의 원자는 양성자 하나, 전자 하나로 이루어진 가장 단순한 구조였다. 바로 수소다. 그리고 이후 1억 년 동안 이 원시적인 원자들만이 유일하게 존재하는 원소였다.

별의 탄생

1억 년이 흐른 뒤, 수소 기체는 구름을 형성했다. 이 구름은 무척 커서 중력 때문에 자기 무게를 못 이겨 붕괴하기 시작했다. 기체가 안쪽으로 수축하자 구름 한가운데의 온도가 급속도로 높아졌다. 이곳의 온도와 압력이 무척 높아지자, 입자들은 엄청나게 빠른 속도로 움직이면서 빈번하게 거센 충돌을 일으켰다. 이 충돌 결과 양성자와 중성자, 원자핵은 가까워졌고 서로 합쳐지기에 이르렀다. 핵융합이라 불리는 이 과정이 시작되면서 별이 태어났다. 융합이 일어난 결과 더

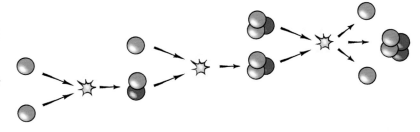

제대로 조건이 주어진다면, 양성자들은 서로 융합해서 수소의 동위원소인 삼중수소가 된다. 그러면 삼중수소는 역시 비슷한 조건에서 둘로 쪼개져 헬륨의 핵을 형성한다. 헬륨은 원소 가운데 두 번째로 가벼운 원소다.

가벼운 여러 부분이 합쳐져 무거운 원자핵들이 새로 생겼다. 이 과정을 통해 별의 내부에서 철을 비롯한 모든 원소가 생겨났다. 별이 핵융합을 통해 만들 수 있는 가장 무거운 원소는 철이다(64쪽, '철' 참고).

단순한 양자역학 모델

수소는 오늘날까지도 가장 흔한 원소다. 우주에서 눈에 보이는 전체 물질의 75%가 수소로 이뤄져 있다. 이 원자는 구조가 단순해서 양자역학을 시험하는 완벽한 후보였다(22쪽, '원자의 양자물리학' 참고). 양성자와 전자라는 두 체계로 이뤄진 수소는 양자역학으로 그 움직임을 완전히 계산할 수 있는 유일한 원자다. 그래서 수소는 많은 회의주의자에게 새로운 과학의 힘을 보여주었다.

물을 만들어내는 기체

1761년에 로버트 보일은 희석한 산에 쇳가루를 넣었을 때 기체 방울이 생기는 현상을 발견했다. 그러나 이 기체가 유일무이하고 독특한 물질이라는 사실이 알려진 것은 그로부터 5년 뒤 헨리 캐번디시(Henry Cavendish) 덕분이었다. 캐번디시는 처음에 폭발력이 몹시 큰 이 기체를 '가연성 기체'라고 불렀다. 나중에 우주 왕복선의 연료로 NASA에서 사용될 정도였다. 1781년에 캐번디시는 이 새로운 원소를 태우면 물이 만들어진다는 사실을 관찰했다. 그리고 1783년, 캐번디시의 발견에 호기심을 느낀 프랑스의 화학자 앙투안 라부아지에는 이 기체에 수소라는 이름을 붙였다. '물을 만들어내는 기체'라는 뜻을 가진 고대 그리스어 'hydro-gene'에서 이름을 따왔다.

핵의 과거와 미래

전자와 양성자의 수는 어떤 원소가 될 것인지 좌우한다. 핵에 중성자가 더해지거나 제거되더라도 원소 자체는 바뀌지 않는다. 그래서 같은 원소라도 원자의 무게가 다른 원소가 여럿 생길 수 있다. 이것을 동위원소라고 부른다. 자연 속에는 수소의 동위원소가 두 종류 있다. 중성자를 하나 가진 중수소와 중성자를

영국 옥스퍼드셔 컬햄에 자리한 합동 유럽 토러스(JET) 핵융합로 내부. 수소의 동위원소들이 헬륨으로 융합된다.

둘 가진 삼중수소가 그것이다. 두 동위원소는 원자력 에너지를 생산할 때 특정 역할을 담당한다. 먼저 중수소는 전통적인 핵융합로에서(166쪽, '우라늄' 참고) 중성자 감속재(82~83쪽, '카드뮴/하프늄' 참고)로 활용된다. 삼중수소는 미래의 핵연료로 주목받고 있다. 핵융합으로 깨끗한 에너지를 다량으로 생산하기 위해, 삼중수소 핵융합로가 개발되고 있다. 그동안 덩치 큰 별이 아닌 다른 곳에서 핵융합을 일으키고 유지하는 것은 무척 힘든 도전 과제였다. 하지만 삼중수소를 사용하면 훨씬 적은 에너지로도 핵융합을 일으킬 수 있다. 이것은 별의 내부보다 훨씬 낮은 온도로도 핵융합이 가능하다는 뜻이다. 삼중수소는 그런 일을 실현시킬 최고의 후보다.

지금 당장은 지구 상에서 핵융합을 일으키려면 핵융합으로 생성되는 에너지보다 더 많은 에너지를 들여야 한다. 고성능 자기장과 레이저가 필요하기 때문이다. 하지만 미래에는 핵융합을 통한 에너지 생산 방식으로 환경을 오염시키지 않는 깨끗한 에너지를 생산할 수 있을 것이다. 헬륨이나 리튬 같은 가벼운 원소는 무척 안전하기 때문이다.

헬륨
초능력 원소

원자번호:	2
원자량:	4.0026
존재 비율:	0.008mg/kg
반지름:	데이터 없음
녹는점:	−272℃
끓는점:	−269℃
전자 배치:	$1s^2$
발견:	1895년, 램지, 클레베, 랭글렛

헬륨이야말로 외계에서 온 진짜배기 ET다. 지구 대기권 밖에서 발견된 최초의 원소이기 때문이다.

1868년 8월 일식이 일어나자 프랑스 천문학자 쥘 장센(Jules Janssen)은 태양의 바깥쪽 대기를 관찰했다. 먼저 장센은 노란색 스펙트럼선을 관찰하고는 나트륨 성분 때문이라고 적었다. 동시에 장센은 그 스펙트럼선이 일식이 일어나지 않아도 관찰될 만큼 밝다는 사실을 발견했다. 같은 해 10월, 영국의 과학자 노먼 로키어(Norman Lockyer) 역시 흐린 날이 많은 영국 날

헬륨 기체는 태양의 바깥 대기층에서 나온 빛을 통해 처음으로 관찰되었다.

씨에 장센과 똑같은 스펙트럼선을 발견했다. 하지만 로키어는 2개의 나트륨 선 사이에 있는 이 스펙트럼선이 나트륨에서 온 것이 아니라 새로운 원소에서 왔다는 사실을 눈치챘다. 로키어와 그의 동료 에드워드 프랭클랜드(Edward Frankland)는 나중에 그리스 신화 속 태양의 신 '헬리오스'의 이름을 따서 이 원소의 이름을 '헬륨(helium)'이라고 지었다. 자신이 중요한 발견을 했다는 것을 깨달은 장센 역시 그 결과를 발표했고, 오늘날에는 장센과 로키어 둘 다 헬륨 원소의 발견자로 인정받고 있다.

지구에서 발견되다
이후 30년이 흘러 지구에서도 헬륨이 발견되었다. 1895년에 스웨덴의 화학자 페르 테오도르 클레베(Per Teodor Cleve)와 닐스 아브라함 랭글렛(Nils Abraham Langlet)은 클레베아이트라는 광석(클레베석)에서 자연적으로 방출되는 헬륨 기체를 발견했다. 같

은 해에 스코틀랜드의 화학자 윌리엄 램지(William Ramsay) 또한 클레베아이트가 산과 반응했을 때 기체가 방출된다는 사실을 발견했다. 스웨덴의 두 과학자는 기체의 원자 질량을 측정해 이 기체가 새로운 원소라는 사실을 알 수 있었다. 램지도 이 기체에서 로키어가 관찰했던 노란색 스펙트럼선이 나온다는 사실을 알아챘고, 로키어 본인에게서 확인을 받았다.

헬륨 자체는 무척 가벼운 기체라 가만히 두면 자꾸 바깥 우주로 날아가려고 한다. 이런 특성 때문에 헬륨은 우주에서 두 번째로 풍부한 원소인데도 지구에서는 매우 드물게 발견되었다.

핵의 탄생

1905년 어니스트 러더퍼드는 방사성 알파 붕괴로 방출되는 알파 입자가 헬륨 원자의 핵이라는 사실을 보여주었다. 클레베아이트에서 방출되는 헬륨은 우라늄과 관련되는 연쇄적인 방사성 붕괴에서 비롯한 것이었다. 그래서 원자로에서 나온 방사성 폐기물을 버릴 때 알파 입자에서 헬륨 기체가 나와 쌓인다는 점이 큰 걱정거리다. 방사성 폐기물이 오래 남을수록 알파 입자에서 나오는 헬륨 기체의 양도 많아진다. 방사성 폐기물을 묻고 난 다음 수천 년이 지나면 이 기체가 쌓이면서 엄청난 압력이 생기기 때문에 적절히 처리해야 한다. 방사성 폐기물이 폭발하지 않도록 폐기물을 감싼 콘크리트와 철 용기는 그 큰 압력을 견뎌야 하는 것이다.

초유체가 뭘까?

헬륨은 1s 오비탈에 원자가전자가 꽉 차 있기 때문에 원소 가운데 반응성이 가장 낮다. 헬륨은 상온에서 기체이며, 다른 물질과는 전혀 반응할 생각이 없는 원자들 하나하나의 모음과 같다. 끓는점도 −268.9℃(절대온도로는 4.2K)로 무척 낮다(K는 절대영도 이상의 온도로 측정된다). 그렇기 때문에 액체 헬륨은 무척 차가워서 훌륭한 냉각수 역할을 할 수 있다. 액체 헬륨은 금속이 초전도체가 되어 전기 저항이 0이 될 때까지 차갑게 식히는 데 쓰인다(72쪽, '이트륨' 참고). 초전도체는 세계에서 가장 강력한 자석을 만드는 데 쓰이며, 병원의 MRI부터(74쪽, '나이오븀' 참고) 세계 최고의 입자가속기인 스위스 CERN의 대형 강입자 충돌기(LHC)까지 곳곳에 활용된다.

한편 헬륨의 람다점이라 알려진 2.17K까지 계속 냉각시키면, 이 원소는 초유체 상태가 되어 무척 이상한 모습을 보이기 시작한다. 초유체는 점성이 0이다(점성은 유체의 흐름에 대한 물리적인 저항을 말한다). 그 결과 초유체 상태의 헬륨은 컵에 담기면 천천히 자기 혼자서 흘러나온다. 물론 모든 액체는 중력에 대항하며 조금씩 위로 기어오른다고 알려져 있다. (물이 컵 가장자리에서 위쪽으로 곡선을 그리며 묻어나는 모습을 떠올려보자.) 고체 용기와 액체의 상호작용 때문에 생기는 이런 힘을 모세관 힘이라고 부른다. 중력과 액체의 점성이 함께 작용하면, 액체가 모세관 힘을 통해 용기 밖으로 흘러나오는 것을 막아준다. 하지만 점성이 0인 초유체 헬륨은 점성의 방해 없이 용기 표면을 기어오를 수 있어서 결국 컵 가장자리로 넘쳐 흐른다.

초유체 상태의 헬륨은 저절로 컵 가장자리로 기어올라 넘쳐 흐른다.

알칼리금속
전자를 잃고 요란하게 반응하는 금속들

1족 원소들은 주기율표가 나타내는 놀라운 흐름과 패턴을 잘 보여준다. 폭발하기 쉽고 색이 화려하며 물렁물렁하지만, 생명체에 꼭 필요한 물질이기도 하다. 그래서 일단 보기에는 모순적인 금속처럼 보인다.

1족 원소들은 무척 반응성이 높은 금속이어서 미네랄 오일이나 비활성기체 같은 활성이 없는 환경에 저장되어야만 한다. 이런 예방 조치가 있어야 이 금속이 공기 중의 기체나 수증기와 반응하는 것을 막을 수 있다. 알칼리금속이 이처럼 반응성이 높은 이유는 바깥쪽 s 오비탈에 1개의 전자를 갖고 있기 때문이다. 이 전자를 내보내야 가장 바깥쪽 껍질이 전자가 꽉 찬 상태가 되며, 비활성기체와 같은 전자 배치를 가지게 된다. 반응하는 과정에서 이 금속은 양이온(대전된 원자)이 되는 경향이 있는데, 음전하를 띤 전자를 하나 잃으면 +1 전하를 가지기 때문이다(0 − (−1) = +1).

혼자 있는 두려움
반응성이 크다는 것은 이 금속이 자연계에서 자유로운 원소 상태 그대로가 아닌, 다른 원소들과 화합물을 이룬 채 발견된다는 것을 뜻한다. 이 화합물은 주로 염(Salt)인데, 금속과 비금속이 이온결합으로 연결된 상태다. 원자 사이에 전자가 교환되며, 그 결과 전하량의 절댓값이 같은 반대 전하끼리 서로 이끌린다.

1족 원소에 '알칼리(염기성)'라는 이름을 제공한 것이 바로 이 금속이 만들어내는 염이다. 염은 물에 녹으면 알칼리 용액이 된다. 알칼리는 산의 반대말

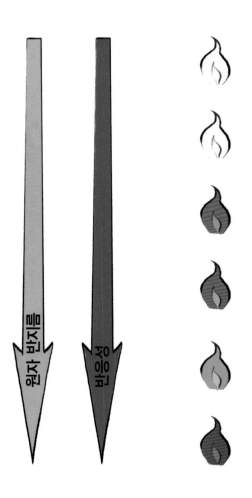

알칼리금속은 불꽃으로 자극하면 선명하고 화려한 색을 보인다. 주기율표에서 같은 족을 따라 아래로 내려가면 원자의 반지름이 커지며, 그에 따라 이 금속들은 더 물러지고 반응성도 커진다.

무게의 증가

주기율표에서 아래로 내려갈수록 원자의 크기가 커지는 이유는 핵 주위를 도는 전자들의 수가 늘기 때문이다. 핵에서 양성자의 수가 느는 것 또한 원자의 질량과 밀도를 높인다. 알칼리금속에서 크기가 증가하면, 맨 바깥쪽의 전자 하나는 중심부의 핵에 이끌리는 힘이 줄어들기 때문에 핵에서 점점 멀어진다. 이처럼 바깥쪽 전자를 꽉 쥐지 못하기 때문에 알칼리금속은 주기율표에서 아래로 내려올수록 반응성이 높아진다. 예컨대 리튬은 물에 들어가도 가볍게 쉬익 소리를 낼 뿐이지만 세슘은 격렬하게 폭발하는 반응을 보인다. 또한 주기율표에서 아래로 내려갈수록 금속은 점점 더 물러진다. 바깥쪽 전자를 쥐는 힘이 느슨해지면서 이 전자와 원자 사이의 연결도 약해지기 때문이다. 같은 이유로 녹는점과 끓는점 역시 주기율표에서 아래로 내려갈수록 낮아진다.

모든 알칼리금속은 불꽃으로 가열하면 제각기 독특한 색을 보인다. 리튬이 보이는 진홍색에서 세슘의 푸른빛 도는 보라색까지 무지개처럼 화려한 색이 나타난다.

밀도가 높지 않은 무른 금속들

알칼리금속의 바깥쪽 전자가 상대적으로 자유롭게 돌아다니면 반응성이 높아지는 데서 끝나지 않는다. 순수한 금속 상태에서 1족 원소의 전자는 양이온들의 섬 사이를 자유롭게 돌아다닌다. 이렇듯 잘 이동하는 전자들은 전기와 열을 쉽게 전달한다. 또한 금속 이온 사이에 끌리는 힘이 느슨하고, 이동성이 높은 전자들이 감싸기 때문에 알칼리금속은 자르기도 쉽고 무르다. 원자들 사이를 가르고 통과하기가 쉽기 때문이다. 그리고 1족 금속들은 바깥쪽 전자가 핵과 멀리 떨어져 있기 때문에 원자의 크기도 커서, 일반적으로 같은 주기의 다른 원소들 가운데 원자의 반지름이 가장 크다. 원자 크기가 가장 작은 원소는 주기율표의 오른쪽에 자리하며 전자를 잃지 않으려고 굉장히 꽉 쥐고 있는 상태다.

물에 들어갔을 때 나트륨이 보이는 폭발적인 반응에서 나트륨의 독특한 노란색 빛 스펙트럼이 나타난다. 알칼리금속은 전부 같은 방식으로 반응하며, 수소 기체와 수산화물 용액을 만들어낸다. 같은 족에서 아래로 내려갈수록 반응은 더욱 격렬해진다.

이다. 산이 물에 들어가 용액이 되면 여분의 수소 이온(H^+)이 주변에 떠다니는데, 이 이온은 전자가 제거된 상태의 수소 원자다. 이에 비해 알칼리는 H^+가 부족한 상태다. 산은 H^+를 내보내려 하고 알칼리는 그 이온을 원하는 셈이다. 알칼리는 대개 수산화 이온(OH^-)을 갖고 있는데, 산소 원자에 수소와 여분의 전자가 붙어 있다. 만약 이런 알칼리와 산이 섞이면, H^+는 OH^-와 이온결합을 이루면서 물을 생성한다. 그러면서 남은 알칼리금속 이온은 원래 산의 H^+와 결합해 있던 음전하를 띤 이온과 합쳐져 염을 이룬다. 이것은 대개 비금속인 새로운 유형의 염이다.

리튬
유심히 지켜볼 만한 원소

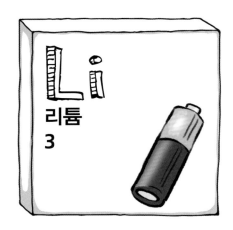

원자번호:	3
원자량:	6.942
존재 비율:	20mg/kg
반지름:	145pm
녹는점:	181℃
끓는점:	1287℃
전자 배치:	(He) 2s^1
발견:	1817년, A. 아르프베드손

리튬은 무척 특별한 원소다. 수소, 헬륨과 함께 빅뱅을 통해 처음 만들어진 원소이기 때문이다. 전기 자동차나 전자 장비에 이 원소는 마치 금처럼 귀중한 대접을 받는다.

붉게 불타는 돌

1817년, 스톡홀름의 요한 아우구스트 아르프베드손(Johan August Arfwedson)은 회색의 페탈석을 불꽃 위에 떨어뜨려 진한 진홍색 불꽃이 이는 모습을 관찰했다. 아르프베드손은 곧 이 금속이 지금껏 알려지지 않은 원소로 이뤄졌다고 생각하고, 그리스어로 돌을 뜻하는 'lithos'를 따서 이름을 '리튬(lithium)'이라고 지었다. 그리고 그는 전기분해로 미네랄이 녹아 있는 용액에서 순수한 리튬을 추출하려고 했다. 전기분해는 영국의 화학자 험프리 데이비(Humphry Davy)가 발명한 방식이었다(42쪽, '칼륨' 참고). 하지만 아르프베드손은 성공하지 못했다. 리튬은 1855년에 염화리튬염을 녹여서 처음으로 추출되었다.

리튬은 은색을 띤 백색 금속으로 물에 즉시 반응하지만 산소와는 반응하지 않는다. 대신 리튬은 흔하지만 반응성은 떨어지는 공기 중의 질소와 곧장 반응하는 몇 안 되는 금속 가운데 하나다. 그 결과 만들어진 질화리튬염은 가만히 놔두면 고약한 악취를 풍긴다. 질화리튬이 공기 중의 수증기와 반응해 수산화리튬을 만들어내며, 이 과정에서 암모니아 냄새가 나기 때문이다.

반응성이 높은 리튬은 지구 상에서 염 화합물 상태로 주로 발견되지만 몇몇 미네랄에도 들어 있다. 바닷물 속에는 약 0.2ppm의 리튬염이 존재하므로 모두

탄산리튬 같은 리튬염은 기분안정제로 사용된다.

2000억 톤이 넘는 리튬이 들어 있다고 추정된다. 리튬염은 염전에서 소금물을 증발시켰을 때 남는 물질에서도 얻을 수 있다. 하지만 가장 쉽게 얻을 수 있는 곳은 남아메리카의 말라붙은 소금호수 바닥이다. 특히 칠레에서 많이 얻을 수 있다.

긴장을 풀게 해주는 원소

리튬은 인간의 몸에 약간의 독성을 띤다. 1940년대에 염화리튬을 식용 소금 대신 사용하다가 사망한 사건이 발생하면서 이 사실이 알려졌다. 하지만 소량만 사용하면 꽤 효과를 볼 수 있다. 기니피그를 대상으로 실험한 결과 탄산리튬은 신경을 안정시키는 효과를 보였다. 1949년에 오스트레일리아의 의사 존 케이드(John Cade)가 탄산리튬을 0.5% 농도로 희석시켜 기니피그에게 주사하자 기니피그가 긴장을 풀고 다루기 쉬워졌다. 케이드는 즉시 정신 건강을 담당하는 자신의 부서에서 이 성분을 활용할 수 있다는 사실을 알아챘고, 같은 용액을 환자들에게 주사했다. 그러자 가장 증세가 심각했던 환자도 며칠 만에 정상적인 일상생활로 돌아갈 수 있었다. 리튬은 오늘날에도 양극성 장애를 겪는 환자들을 진정시키는 데 활용된다. 리튬이 어떻게 이런 진정 효과를 유도하는지는 정확히 알려지지 않았지만, 두뇌 속에서 특정 화학 전달 물질이 지나치게 생성되지 않도록 막는 것으로 추정된다.

부자가 되려면

21세기 들어 사람들이 떼돈을 노리고 찾아나선 광물은 금이 아니라 바로 리튬이다. 휴대용 전자기기의 수요가 늘고 전기 자동차도 탄생하자, 사람들은 더 크고 좋은 배터리를 찾아 헤맸다. 오늘날 챔피언 자리에 오른 것은 리튬 이온 배터리다. 전기는 전선을 따라 전자가 이동할 때 흐른다. 이때 리튬은 양전기를 띠는 양전성이 가장 높은 원소로, 원자가전자를 잃어 Li^+ 양이온이 되려는 경향이 강하다. 따라서 리튬은 전자를 내보내는 훌륭한 원천이다.

또한 리튬은 상온에서 고체 상태인 원소 중 가장 가벼운 원소여서, 엄청나게 가벼운 배터리를 만들 수 있다. 이런 두 성질을 가진 리튬은 휴대용 장비와 전기 자동차에 쓰이는 환상적인 재료다. 앞으로 50년 안에 모든 자동차를 전기 자동차로 바꾸려는 전 세계적인 목표 덕분에, 리튬 수요는 점점 늘어날 전망이다.

금 다음으로 사람들이 떼돈을 벌려고 찾아나선 광물은 배터리의 재료인 리튬이다.

나트륨 (소듐)
우리 몸을 계속 움직이게 하는 원소

원자번호:	11
원자량:	22.9898
존재 비율:	23600mg/kg
반지름:	180pm
녹는점:	98℃
끓는점:	883℃
전자 배치:	(Ne) 3s¹
발견:	1807년, H. 데이비

나트륨의 전자가 자극을 받을 때 생기는 노란색 빛은 가로등이나 불꽃놀이에 활용된다. 나트륨은 지구에서 가장 풍부한 알칼리금속이며, 지각 무게의 약 2.6%를 차지한다.

나트륨은 반응성이 강한 알칼리금속이어서 자연에서는 원소 형태로 발견되지 않는다. 대신에 금속과 결합한 염 화합물로 발견된다. 예를 들어 염화나트륨은 음식의 간을 맞추는 데 사용하는 소금이다.

수백 년 동안 사용

나트륨 화합물은 오래전부터 사용되었다. 세탁용 천연 탄산소다는 고대 이집트의 신성문자에도 언급된다. 고대 이집트인은 오늘날 탄산나트륨이라고 알려진 이 물질을 비누로 사용했으며, 미라를 만들 때도 썼다. 물을 흡수하고 세균을 죽이는 성질이 있기 때문이다. 나트륨을 뜻하는 화학기호 'Na'는 천연 탄산소다를 가리키는 영어 단어 'natron'의 앞 두 글자를 딴 것이다.

　중세 유럽인들은 두통 치료에 탄산나트륨을 사용했다. 당시의 서양 대학에서는 이슬람 학자들의 의

학을 가르쳤는데, 이 치료제는 'sodanum'이라 불렸다. 아랍어로 두통을 뜻하는 'suda'에서 따온 이름이다. 그러다 1807년에 험프리 데이비가 처음으로 나트륨을 추출해 이름을 'sodium'이라고 지었다(42쪽, '칼륨' 참고).

　나트륨은 순수한 원소 형태로도 쓸모가 있는데, 열을 효과적으로 전달하며 액체 상태에서는 원자로를 식히는 데 사용된다. 또 녹는점이 371K이고 끓는점이 1156K로, 785K라는 넓은 온도 범위만큼 액체 상태를 유지한다. 물이 얼음과 수증기 사이에서 액체 상태를 유지하는 범위가 100K라는 사실을 생각해보면, 나트륨이 액체 상태인 온도 범위는 훨씬 넓다. 압력을 가하면 물도 액체 상태를 유지하는 온도 범위를 넓힐 수 있지만 그러면 안전에 더 신경 써야 한다. 나트륨은 상대적으로 무거운 원소여서 중성자를 흡수하지 않으려는 성질이 있고, 그래서 원자로에서 우라

버마(오늘날 미얀마로 불린다)의 정글로 떠나기 바로 직전
내 증조할아버지의 모습이다.

고 심장병에 걸릴 위험을 높인다고 경고하지만, 그날
증조할아버지는 소금과 그 안에 든 나트륨이 생명을
살리는 데 얼마나 필수적인지 깨달았다.

건강을 유지하려면 매일 약 2g의 나트륨을 섭취
해야 한다. 만약 땀으로 나트륨을 많이 내보냈다면 이
보다 더 많이 섭취해야 할 것이다. 우리 몸이 제대로
기능하려면 세포 안의 나트륨 농도는 낮게, 칼륨 농도
는 높게 유지하도록 균형을 맞추는 일이 필요하다. 몸
의 신호 전달 체계를 조절할 때도 우리 몸은 나트륨
을 세포 안팎으로 교환한다. 천천히 방출되는 호르몬
부터 빠르게 발화하는 신경세포까지 거의 모든 신체
기능에서 이런 일이 벌어진다. 이는 움직이고 숨 쉬며
혈액을 온몸으로 보내기 위해 근육을 수축시킬 때도
필요한 과정이다.

목숨을 위협하는 생선 한 점

나트륨의 섬세한 균형을 엉망으로 만들면, 누군가를
쉽게 죽일 수도 있다. 예컨대 테트로도톡신(줄여서
TTX라고도 부른다)이라는 화학물질은 세포 안팎으
로 나트륨을 수송하는 통로를 막아버린다. 테트로도
톡신은 복어의 특정 부위에 들어 있다.

늪 핵붕괴를 계속 유지시키는 데 유리하다. 만약 중성
자를 많이 흡수한다면, 핵반응이 도중에 끝날 것이고
노심에서 에너지를 생산할 수 없게 된다. 반면에 물은
중성자를 꽤 잘 흡수하기 때문에 핵반응을 지속시키
려면 물을 조금씩만 사용해야 한다. 그리고 나트륨이
새어나가 주변 공기와 맞닿으면 폭발적인 반응을 일
으키므로 잘 밀봉해야 한다. 하지만 이런 점을 감안
해도 원자로 설계상의 여러 다른 요소와 비교하면 나
트륨은 전체적인 위험을 낮춰준다.

정글 탐험

내 증조할아버지는 제2차 세계대전 때 미얀마의 정글
속을 헤치고 다니다가 정신을 잃었다. 의식을 되찾으
니 입에서 짠맛이 느껴졌다. 동료 병사가 소금 조각을
입에 넣어준 것이다. 오늘날에는 소금이 혈압을 높이

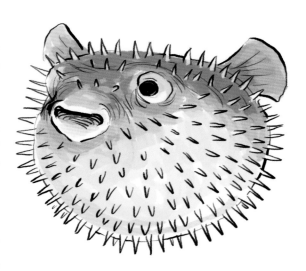

복어는 맛 좋은 생선이지만 숙련된 요리사만이 손질할 수 있다.
그러지 않고 이 생선을 잘못 먹었다가는 목숨을 잃을 수도 있다.

칼륨 (포타슘)
식물과 사람에게 좋은 원소

원자번호:	19
원자량:	39.0983
존재 비율:	20900mg/kg
반지름:	220pm
녹는점:	63℃
끓는점:	759℃
전자 배치:	(Ar) $4s^1$
발견:	1807년, H. 데이비

칼륨은 반응성이 무척 높아서 얼음에 구멍을 뚫을 수 있고 종이 섬유에서 산소를 발생시킬 수 있다. 그럼에도, 이 불안정한 원소는 나트륨과 마찬가지로 지구 생명체에 필수적이다.

식물을 태우고 남은 재를 물에 풀면 거의 칼륨염으로만 이뤄진 용액을 얻을 수 있다. 이 탄산칼륨 용액을 영어로 'potash'라 부르는데, 칼륨을 뜻하는 'potassium'도 이 단어에서 왔다. 이 이름을 지은 사람은 영국의 화학자 험프리 데이비였다. 칼륨은 전기분해 기술로 발견된 최초의 알칼리금속이자 원소였다.

전기분해

데이비는 말 그대로 전기(electro)에 의한 분해(lysis)를 실시하는 방식의 선구자였다. 이것은 전기의 양극과 음극을 사용해 이온 화합물을 분해하는 방식이다. 금속으로 이뤄진 양극에 전기를 공급하면, 양극은 화합물에서 음전하를 띤 부분을 끌어당긴다. 반대로 금속 음극에 같은 전기를 공급하면, 음극은 화합물에서 양전하를 띤 부분을 끌어당긴다. 알칼리금속은 전자를 잃으며 양전하를 띠려는 경향이 있기 때문에 음전

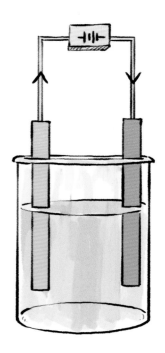

염을 용해시키거나 녹인 용액에 전기를 흘려보낸 다음, 양전하를 띤 금속 이온이 음극으로 향하도록 한다. 그러면 금속 이온은 전자를 얻어 중성의 원자가 되며 원소 상태의 금속을 이룬다.

하로 대전된 음극에 끌린다. 알칼리금속이 음극에 가까이 가면 양이온은 전자를 얻어 중성의 원자 상태가 된다.

데이비가 탄산칼륨 용액으로 이 실험을 했을 때는 아무 일도 일어나지 않았다. 데이비는 탄산칼륨을 석회수로 처리해 부식성을 높여가며 실험을 계속했고 그 과정에서 용액에 수산화칼륨이 섞였다. 그 결과 데이비는 전기분해를 통해 금속 칼륨을 분리했다. 이 실험의 조수 역할을 하던 험프리의 사촌동생 에드먼드 데이비는 이렇게 기록했다. "험프리는 탄산칼륨 표면에 조그만 칼륨 입자가 터지듯 솟아나며 대기를 만나 불꽃이 붙는 광경을 처음으로 보았다. 험프리는 기쁨을 감추지 못했다." 몇 달이 지나 험프리 데이비는 같은 기술로 나트륨을 분리하는 데도 성공했다.

소금이 든 식물

데이비가 칼륨을 'potassium'이라 불렀다면, 스웨덴의 화학자 베르셀리우스는 이 원소를 'kalium'으로 부르고 싶어 했다. 고대부터 직물을 표백하거나 비누를 만드는 데 사용했던 탄산칼륨은 주로 '칼리'라는 풀에서 얻었기 때문이다. 'potassium'이라는 이름은 계속 남

았지만, 오늘날 사용하는 국제 화학기호 체계를 만든 사람이 베르셀리우스였기 때문에 칼륨의 화학기호는 'kalium'의 앞 글자인 'K'가 되었다. '알칼리(alkali)'도 아랍어 정관사 'al'에 식물 이름 '칼리'를 붙여 만든 단어다. 이 단어는 1족 금속 원소뿐만 아니라 염기성을 띤 모든 화학물질을 가리키는 데 쓰인다.

칼륨이 풍부한 바나나

식물을 태우면 탄산칼륨 용액을 얻을 수 있듯이, 칼륨은 식물이 살아가는 데 필수적이다. 가장 흔하게 사용하는 예는 칼륨을 질소나 인과 결합한 염으로 만들어 식물의 비료로 쓰는 것이다. 또 바나나와 토마토 페이스트는 1g당 칼륨이 가장 많이 든 식품이다. 칼륨은 세포 속의 여러 과정을 조절하므로(40쪽, '나트륨' 참고) 동물에게도 중요한 역할을 한다. 세포 내 조절 과정에 문제가 없으려면 충분한 양의 칼륨이 필요하다. 그렇기 때문에 다른 곳에서는 드물게 발견되는 칼륨-40은 우리 몸에서 가장 흔하게 발견되는 방사성 동위원소이다.

통통마디, 또는 칼리는 사람들이 고대부터 사용하던 식물이다. 이 식물을 태우면 칼륨이 든 탄산칼륨 용액을 얻을 수 있다.

루비듐

Rb
루비듐
37

원자번호:	37
원자량:	85.4678
존재 비율:	90mg/kg
반지름:	235pm
녹는점:	39℃
끓는점:	688℃
전자 배치:	(Kr) 5s¹
발견:	1861년, R. 분젠과 G. R. 키르히호프

세슘이 불꽃반응 분광학으로 처음 발견된 원소라면, 루비듐은 두 번째 원소다. 1861년에 독일 화학자 R. 분젠(R. Bunsen)과 물리학자 구스타프 키르히호프(Gustav Kirchhoff)가 독일 바트 뒤르크하임의 샘에서 떠 온 광천수를 가열하다가 이 원소를 발견했다.

색깔에 담긴 의미

루비듐은 진한 붉은색을 뜻하는 라틴어 'rubidus'에서, 세슘은 연한 파란색을 뜻하는 라틴어 'caesius'에서 이름을 딴 것이다.

양자론의 열쇠

루비듐은 입자 양자론을 발전시키는 데 핵심 역할을 했던 원소다. 온도가 절대영도에 가까울 때, 원자 주변을 도는 전자들과는 달리, 원자들은 전부 같은 에너지 준위를 점유할 수 있으며 서로 구별할 수 없다. 이런 고체, 기체, 액체가 아닌 새로운 물질의 상태를 보스-아인슈타인 응축물이라고 한다. 과냉각된 루비듐 원자에서 보스-아인슈타인 응축물이 처음으로 만들어졌다(34쪽, '헬륨' 참고).

반물질 종양 감지기

루비듐은 사람의 몸에 해롭지 않다. 일단 몸에 들어오면 마치 칼륨인 것처럼 처리되어 땀과 오줌으로 빠르게 배출된다. 몸이 이런 반응을 보인다는 점을 응용하면, 방사능을 띤 루비듐-82 동위원소를 사용해 뇌종양의 위치를 알아낼 수 있다. 칼륨과 방사능을 띤 루비듐-82 이온이 종양 세포 속으로 들어가기 때문이다. 이 동위원소가 붕괴되면서 몸을 빠져나갈 때 감마선이 방출된다. 의사들은 이 감마선을 탐지해 종양 세포의 정확한 위치를 알아낸다.

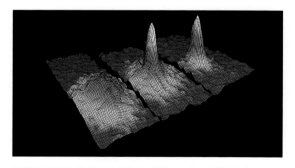

루비듐 원자의 에너지 분포를 보여주는 그래프. 왼쪽에서 오른쪽으로 갈수록 루비듐 원자는 냉각되어 보스-아인슈타인 응축물 상태가 되면서 초원자처럼 행동하기 시작한다.

세슘

Cs
세슘
55

원자번호:	55
원자량:	132.90545
존재 비율:	3mg/kg
반지름:	260pm
녹는점:	28℃
끓는점:	671℃
전자 배치:	(Xe) 6s¹
발견:	1860년, R. 분젠과 G. R. 키르히호프

이 원소는 시간을 잘 지킨다. 질량이 좀 더 가벼운 사촌인 루비듐이 모습을 드러내기 직전에 발견된 세슘은 원자시계를 만들려는 전문가들의 선택을 받았다.

시간 지키기

세슘과 루비듐은 둘 다 원자시계로 사용할 만하다. 전자들이 에너지를 달리 하며 궤도를 바꾸는 과정이 정확한 시간 간격으로 이뤄지기 때문이다. 이 과정은 마이크로파가 금속 증기를 통과할 때 이뤄지는데, 이 때 특정 진동수에서 모든 전자가 높은 에너지 준위로 전이한다. '1초'라는 시간도 바로 이 마이크로파 복사 주기의 9192631770배라고 국제적으로 정의되어 있다(말하자면, 1초는 세슘 원자가 내보내는 특정 진동수의 빛이 9192631770번 진동하는 데 걸리는 시간이다). 세슘 133 원자의 바닥상태가 두 가지의 미세한

준위 사이에서 전이하는 데 해당하는 시간이다.

다른 원소들은 주변 자기장의 영향을 받기 때문에 전자의 에너지 준위가 조금씩 움직이지만 루비듐과 세슘은 이런 영향을 가장 적게 받는다. 그중에서 세슘의 에너지 준위가 루비듐보다 덜 흔들리고 안정적이어서, 세슘 시계가 루비듐 시계보다 더 정확하다. 세슘 시계의 단점이 있다면 가격이 무척 비싸다는 점이다. 세슘은 희귀 원소이기 때문에 상대적으로 더 풍부한 루비듐 시계보다 약 700배 더 비싸다.

색을 띠게 하는 상대성

세슘이 특별한 이유는 은색을 띠지 않는 세 가지 금속 가운데 하나이기 때문이다. 다른 두 가지는 금과 구리다. 세슘이 색을 띠는 이유는 전자 궤도의 에너지가 바뀌면서 아인슈타인의 특수상대성 이론에 따른 영향을 받기 때문이다.

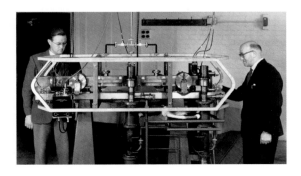

물리학자 잭 패리(Jack Parry, 왼쪽)와 루이스 에센(Louis Essen, 오른쪽)이 최초의 세슘 원자시계를 조정하고 있다. 이들은 1955년에 영국 테딩턴에 자리한 국립물리학연구소에서 이 시계를 처음 만들었다.

프랑슘

프랑슘
87

원자번호:	87
원자량:	223
존재 비율:	1×10^{-18}mg/kg
반지름:	데이터 없음
녹는점:	27℃
끓는점:	677℃
전자 배치:	(Rn) 7s^1
발견:	1939년, M. 페레

멘델레예프는 세슘 밑의 틈새를 채우려면 87번 원소가 존재해야 한다고 예측했다. 이 원소를 찾으려는 노력은 거듭 실패하다가 방향을 방사성 붕괴로 돌렸다. 그 결과 방사성 붕괴를 통해 원소의 변화를 설명하는 두 가지 법칙이 발견되었다.

알파와 베타

만약 방사성 원자가 알파 입자를 방출한다면, 새로 만들어진 원소는 원래 원소보다 원자번호가 2만큼 줄어든다. 핵에서 2개의 양성자를 잃었기 때문이다. 반면에 원소가 베타 붕괴를 통해 붕괴한다면 원자번호가 1만큼 증가한다. 중성자에서 양성자가 생기면서 전자와 전기적으로 중성적인 뉴트리노 입자가 방출되기 때문이다. 87번 원소의 틈을 메우려면, 악티늄(89번)의 동위원소에서 알파 입자가 방출되거나 라돈(86번)이 베타 붕괴를 일으키면 된다.

새로운 세대

하지만 라돈은 알파선을 통해서만 붕괴하고, 베타 붕괴는 일으키지 않기 때문에, 87번 원소를 만들어내지는 못한다. 악티늄 역시 99%는 베타 붕괴를 일으켜 토륨(90번)이 된다. 원자번호가 줄어드는 대신 늘어나는 것이다. 하지만 나머지 1%는 알파 붕괴를 일으켜 87번 원소로 바뀐다. 이렇듯 새로운 87번 원소는 양이 작기도 하지만 수명이 21분 정도로 무척 짧아서 더욱더 분리하기가 어렵다. 그래도 결국에는 마리 퀴리(Marie Curie)의 제자였던 마르게리트 카트린 페레(Marguerite Catherine Perey)가 이 불안정한 소량의 원소를 추출하는 데 성공했다. 이 원소는 퀴리가 사망하고 5년이 지난 1939년에 발견되었다. 페레는 1946년에는 발견되지 않은 87번 원소 관련 박사 논문을 성공적으로 제출했으며, 이 원소의 이름을 자기 고국의 이름을 따서 '프랑슘'이라고 지었다. 그로부터 16년 뒤 페레는 프랑스 과학 아카데미에서 최초의 여성 회원으로 선출되었다.

프랑슘을 발견한 프랑스의 핵 화학자 마르게리트 페레 (1909~1975). 페레는 마리 퀴리의 제자였다.

알칼리토금속

2족의 알칼리토금속은 자연에서 원소 그대로의 상태로 발견되지 않는 반응성 좋은 금속들이다.

2족의 각 원소는 바깥쪽 s 오비탈에 두 개의 전자를 채우기 때문에 1족 원소들보다는 살짝 더 안정적이고 반응성이 조금 덜하다. 2족의 모든 원소는 자연에서 발견되기는 하지만, 라듐은 더 무거운 원소들의 연쇄 붕괴 과정에서 만들어지므로 양이 무척 적다.

이온 추출

2족 원소들은 비금속 할로젠인 17족 원소들과 반응해 염 화합물을 만들며, 이 화합물이 물에 녹으면 염기성 용액이 된다. 베릴륨을 제외한 모든 원소는 이온성 염을 형성하며, 이 염을 녹여 전기분해를 하는 방식으로 원소들이 처음 분리되었다. 하지만 베릴륨은 공유결합을 이루기 때문에 화학적으로 복잡한 순서를 거쳐 추출되었다.

보이지 않는 화합물

2족 원소들은 물에 녹지 않는 플루오린 화합물을 형성한다. 플루오린 화합물은 가시광선으로 봤을 때도 투명하지만, 에너지가 높은 자외선과 적외선을 쪼여도 투명하다. 2족 플루오린 화합물은 다른 화합물에서 방출된 빛을 아주 조금만 흡수하기 때문에 적외선 분광법에 활용된다. 이런 용도로 가장 많이 활용되는 성분은 플루오린화칼슘이지만, 낮은 에너지의 빛이라면 더 비싼 플루오린화바륨을 사용한다. 무거운 바륨 원자는 가벼운 칼슘 원자보다 덜 진동하기 때문에 움직일 때 파장이 더 긴 빛을 필요로 한다.

 2족 원소들은 1족 원소와 마찬가지로 주기율표에서 아래로 내려가면서 원자 반지름과 반응성이 높아지며 더 물러진다.

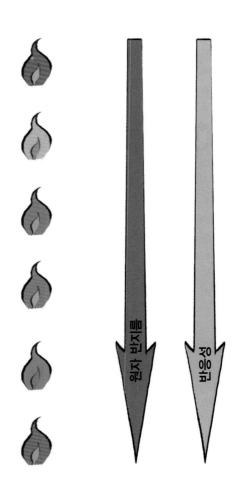

알칼리토금속은 불꽃으로 자극을 받으면 선명한 색을 띤다. 주기율표에서 아래로 내려가면 원자 반지름이 커지며 반응성도 높아지고, 금속이 더 물러진다.

베릴륨
가볍고 단단한 금속

원자번호:	4
원자량:	9.0122
존재 비율:	2.8mg/kg
반지름:	105pm
녹는점:	1287℃
끓는점:	2469℃
전자 배치:	(He) $2s^2$
발견:	1797, L. N. 보클랭

철보다 가벼운 대부분의 원소들은 별의 중심에 있는 핵융합 공장에서 만들어진다.
하지만 안정적인 베릴륨은 예외다. 베릴륨은 철보다 가벼운 원소 중에서 두 번째로 드문 원소다.

안정적인 베릴륨-9 동위원소는 더 무거운 원소들이 우주선(cosmic ray)에 의해 쪼개질 때 항성 간 우주 공간에서만 생겨난다. 우주선은 우주 공간을 날아다니는 에너지가 높은 대전 입자들이다. 우주선은 지금 이 순간도 지구의 대기권에 모든 방향에서 쏟아지고 있다.

자기장의 역사

베릴륨의 방사성 동위원소 베릴륨-10은 안정적인 베릴륨-9에 우주선이 충돌할 때 지구에서 형성된다. 이때 지구의 자기장은 우주선으로부터 우리를 지켜주지만 이 보호막은 불안정하다. 지구 역사를 보면 자기장

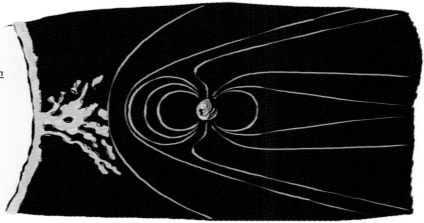

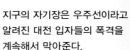

지구의 자기장은 우주선이라고 알려진 대전 입자들의 폭격을 계속해서 막아준다.

은 강력하게 우리를 보호하기도 하지만 약해질 때도 있다. 자기장이 약해지면 우주선이 지구 표면 위로 더 많이 밀려들기 때문에 베릴륨-10이 더 많이 만들어진다. 극지방에 깊이 묻힌 얼음 샘플 속 베릴륨-10에서 나오는 방사능의 양을 측정한 과학자들은 수백만 년에 걸친 지구 자기장의 강도 변화를 알아냈다.

비행기 동체와 연료로 활용되다

지구에서 베릴륨은 희소하기 때문에 생물학적인 역할이 알려져 있지 않다. 베릴륨은 가볍고 튼튼하며 불에 탈 때 많은 열을 방출한다. 이런 이유로 1950년대에는 항공 업계에서 비행기 동체를 만드는 놀라운 소재이자 연료로 각광받았다. 이렇듯 미래가 유망했지만 오늘날 매년 추출되는 양은 500톤밖에 되지 않는다. 무척 독성이 강하기 때문이다. 베릴륨 가루에 노출되면 인간의 몸속에 크나큰 문제가 생긴다. 폐에 만성적인 염증이 생기고 숨이 가빠진다. 베릴륨 중독증이라 불리는 이 증상은 완전히 나타나는 데 5년이 걸리며, 환자의 3분의 1이 그 전에 사망하거나 영구적인 장애를 입는다.

그럼에도 베릴륨은 여전히 몇몇 설비에 사용되고

베릴륨으로 만든 이 칙칙한 회색 창문은 음반의 한가운데 자리하며 압력이 높거나 낮은 실험실 장비에 사용된다. 고에너지 입자나 엑스선 아래서만 투명해지기 때문이다.

있다. 중성자 5개, 양성자 4개, 전자 4개뿐인 베릴륨은 무게가 가벼워서 고에너지 입자나 방사선은 이 원소를 무시하고 지나칠 정도다. 베릴륨으로 만든 창문은 유리로 만든 창문보다 엑스선이나 감마선 아래서 더 투명하다. 이런 창문은 엑스선이 방출되기를 기다리는 특수 장비의 '열린' 끝을 씌우는 데 사용된다. 또한 CERN의 대형 강입자 충돌기에서 힉스 보손을 발견하는 데도 활용된다. 이 기계에서는 양성자가 거의 빛의 속도까지 가속된다. 이때 임무를 달성하려면 양성자는 공기가 완전히 없는 진공 튜브 안에서 방해받지 않고 날아가야 한다. 그래서 이 진공 튜브의 끝은 베릴륨 창문으로 막는다. 그러면 공기가 들어오지 않도록 막으면서도 고에너지 양성자가 방해받지 않고 빠져나갈 수 있다.

베릴륨과 중성자

베릴륨 창문은 중성자를 발견하는 과정에서도 필수적인 역할을 했다. 1932년에 제임스 채드윅(James Chadwick)은 베릴륨 샘플에 라듐에서 방출된 알파 입자를 충돌시키는 실험을 했다. 그 결과 새로운 종류의 아원자 입자가 방출되었는데, 이 입자는 질량은 있었지만 전하가 없었다. 이렇게 라듐과 베릴륨을 사용하는 방식은 오늘날까지도 연구용 중성자를 만드는 데 활용된다. 약 30개의 중성자를 만들어내는 데 거의 100만 개의 알파 입자가 필요하다.

끌어당기는 힘

베릴륨은 2개의 원자가전자의 이온을 교환하지는 않지만, 대신에 할로젠 원자와 전자를 나누면서 공유결합을 형성한다. 만약 베릴륨 2+ 이온이 형성된다면 이 이온은 놀랄 만큼 전하의 밀도가 높을 것이다. 그렇기 때문에 이 이온에서 나온 힘은 무척 강해서 다른 원자의 전자 오비탈 구름을 변형시켜 서로 겹쳐지게 만들 정도다. 오비탈 겹침은 전자가 공유되어 공유결합이 형성되는 방식이다. 그렇기 때문에 베릴륨 화합물은 전기가 잘 흐르는 도체가 아니며, 금속 자체로 분리하기도 어렵다.

마그네슘
햇빛을 이용하는 원소

원자번호:	12
원자량:	24.3059
존재 비율:	23300mg/kg
반지름:	150pm
녹는점:	650℃
끓는점:	1090℃
전자 배치:	(Ne) $3s^2$
발견:	1755년, J. 블랙

1618년 여름, 영국 엡섬에서 헨리 위커(Henry Wicker)는 가뭄인데도 자기 소가 웅덩이에 고인 물을 먹지 않는다는 사실을 발견했다. 물맛을 본 위커는 쓴 맛을 느꼈고 샘플을 집에 가져왔다. 이 물이 증발되니 염이 남았는데, 이 성분은 설사를 일으키는 효과가 있었다. 이 '엡섬염'은 황산마그네슘으로 이뤄졌으며 이후 350년 동안 변비약으로 활용되었다.

에너지가 태양에서 우리 세포까지

마그네슘은 지구의 생명체에 꼭 필요한 원소다. 마그네슘은 엽록소의 한가운데에 자리하며, 엽록소가 독특한 모양을 이루는 데 필수적인 역할을 한다. 식물을 비롯한 여러 생명체는 엽록소라는 복잡한 분자를 사용해서 이산화탄소와 물을 포도당으로 바꾼다. 이때 빛 에너지가 사용된다. 그러면 포도당은 녹말, 셀룰로오스를 비롯해 소비자들이 즐겨 먹는 맛있는 많은 분자들로 합성된다. 그리고 이런 화학물질들은 우리 몸속에서 산소와 함께 다시 분해되어 이산화탄소

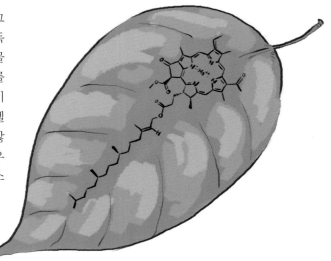

마그네슘은 엽록소 분자의 한가운데에 자리하며, 햇볕을 이용해 광합성을 거쳐 포도당을 생산하는 데 도움을 준다.

50

마그네슘은 가볍지만 튼튼해서 우리가 매일 들고 다니는 전자제품의 몸통을 만드는 데 쓰인다.

와 물로 되돌아가는데, 이 과정을 호흡이라 한다. 이때 방출된 에너지는 몸속에서 ATP라 불리는 또 다른 화학물질을 형성하는 데 쓰인다. ATP는 몸 여기저기로 에너지를 전달하며, 필요한 시간과 장소에 에너지를 방출하는 데 사용된다(116쪽, '인' 참고). 이 과정에서 ATP를 만들려면 마그네슘이 들어 있는 또 다른 화학물질이 필요하다.

가벼운 원소
마그네슘은 실생활에 사용할 수 있을 만큼 무척 가벼운 금속이다. 리튬이나 나트륨처럼 반응성이 지나치게 높지도 않고, 베릴륨처럼 독성이 있지도 않다. 지구의 지각에 풍부한 원소여서 쉽게 구할 수 있다. 무게로 따지면 지각에서 여섯 번째로 많은 원소다. 또 튼튼한 금속이기 때문에 휴대폰이나 노트북 같은 전자기기를 가볍게 만드는 데 쓰인다. 배의 선체나 비행기 동체, 자동차의 고성능 부품에도 사용된다.

반응
마그네슘은 반응성이 적당히 좋은 금속이어서 공기 중에서 환한 흰색 빛을 내며 타오른다. 이 흰색 빛은

예전부터 사진기 촬영 때 밝게 빛을 비추는 섬광 전구에 사용되었다. 또 마그네슘은 질소와 반응하는 얼마 안 되는 금속이기도 하다. 그래서 산소, 물, 질소와 반응하지 않도록 조심해야 한다. 반응을 하면 겉에 산화마그네슘 보호막이 생긴다.

　과학자들은 그동안 유기 마그네슘 화합물을 만들려고 했다. 그 결과 19세기 후반에 유기 마그네슘이 몇 가지 만들어졌지만 물에 용해되지는 않았다. 그 말은 이 물질이 실제로 유기 반응을 일으키는 데 적합하지 않았다는 뜻이다. 그러다가 1900년에 프랑스의 젊은 박사 과정 학생이었던 빅토르 그리냐르(Victor Grignard)가 에테르 안에서 마그네슘을 다양한 유기 할로젠화물과 반응시켜 유기 마그네슘의 안정적인 용액을 만들었다. 이것을 지금은 그리냐르 시약이라 부른다. 그리냐르는 1912년에 노벨 화학상을 받았고, 오늘날까지 유기 마그네슘 그리냐르 시약을 주제로 한 논문이 10만 건도 넘게 발표되었다.

폭죽에 마그네슘을 집어넣으면 타오르면서 환한 흰색 불꽃을 뿜어낸다.

칼슘

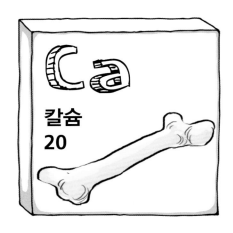

Ca
칼슘
20

원자번호:	20
원자량:	40.078
존재 비율:	41500mg/kg
반지름:	180pm
녹는점:	842℃
끓는점:	1484℃
전자 배치:	(Ar) 4s^2
발견:	1808년, H. 데이비

칼슘은 우리 주위 어디에나 존재한다. 우리가 마시는 물이나 집을 구성하는 콘크리트, 돌에도 칼슘이 들어 있다. 칼슘은 지각에서 다섯 번째로 풍부한 원소이며, 생명체에 꼭 필요한 성분이다.

광고에서 주기적으로 되풀이하듯 칼슘을 섭취하는 가장 좋은 방법은 유제품을 먹는 것이다. 어미의 젖은 자손에 필요한 필수적인 미네랄을 모두 포함하도록 진화했다. 칼슘은 몸속에서 유기물의 무기물화 작용을 통해 여러 미네랄을 생산하는 데 이용된다.

뼈와 이빨

몸속에 칼슘을 1kg 이상 가진 평균적인 성인이라면 그중 99%의 칼슘은 뼛속에 존재한다. 인산칼슘은 유기 분자와 결합해 뼈와 이빨을 이룬다. 이때 성분의 비율을 조절하면 우리 몸은 강도와 유연성이 다양한 여러 물질을 만들 수 있다. 우리의 뼈는 몸을 구조적으로 떠받드는 일 말고도 칼슘을 저장하는 핵심적인 구실을 한다. 임신 중에 임산부의 뼈는 광물질 제거(탈염)라는 과정에 의해 미네랄을 빼앗긴다. 사람은 나이가 들면서 뼈에서 칼슘이 상당 부분 빠져나가 뼈가 약해지는데, 증상이 심하면 골다공증에 걸린다. 나이가 많은 사람들은 충격을 받으면 뼈가 부러지기 쉽다.

껍질이 필요한 집게

연체동물을 비롯한 해양 동물은 탄산칼슘을 이용해 보호 껍질을 만든다. 집게는 스스로 껍질을 만들지는 않고, 다른 동물이 만들어놓은 껍질 속에서 산다. 몸이 자라면 점점 큰 껍질로 옮겨간다. 하지만 이처럼 껍질을 바꾸는 순간은 포식자에게 공격당하기 쉽다. 그래서 몇몇 집게들은 위험을 최소화하기 위해 껍질에서 탄산칼슘이 물에 용해되는 데 걸리는 시간을 측정하도록 진화했다. 집게는 탄소 원자의 농도가 100만분의 4 미만이어도 감지할 만큼 놀라운 능력을 지녔다.

집게는 새로 집을 고를 때 좋은 껍질을 가능한 한 빨리 찾기 위해 칼슘의 미세한 농도를 감지할 수 있다.

스트론튬

원자번호:	38
원자량:	87.62
존재 비율:	370mg/kg
반지름:	200pm
녹는점:	777℃
끓는점:	1382℃
전자 배치:	(Kr) $5s^2$
발견:	1755년, A. 크로퍼드

스트론튬은 다양한 광물 속에서 발견되지는 않는다. 지각에서 열다섯 번째로 풍부한 원소이지만 대개 천청석(황산스트론튬) 아니면 스트론티안석(탄산스트론튬)의 형태로 발견된다.

스트론티안석은 스코틀랜드 고지대의 스트론티안 마을에서 이름을 따왔는데, 스트론튬이라는 원소의 이름도 여기서 유래했다.

평면 스크린
21세기로 오면서 옛날식 음극선 텔레비전의 유리 화면에 산화스트론튬이 첨가되었다. 이 물질은 텔레비전에서 방출되는 엑스선을 막아주었다. 그리고 텔레비전에 평면 스크린이 쓰이면서 스트론튬은 불꽃이나 폭죽의 짙은 붉은색을 내는 데 사용되었다.

식물과 스트론튬
스트론튬 이온은 칼슘과 크기가 비슷해서 정기적으로 몸에 흡수되며, 대부분이 뼈와 이빨로 간다. 식물은 계속해서 미네랄을 흡수하기 때문에 동물보다 스트론튬의 함유량이 높다.

위험했던 과거
방사성 동위원소인 스트론튬-90은 우라늄의 연쇄 붕

로마 검투사들의 뼈에서 상당량의 스트론튬이 검출되었는데, 이는 이들이 기본적으로 채식주의자였다는 사실을 뜻한다.

괴 과정에서 발생한다. 냉전 시기 동안 원자폭탄이 여럿 폭발하면서 스트론튬-90이 다량 방출되었는데, 그에 따라 미국 어린이들의 젖니에서 유기물의 무기물화 작용이 나타났다. 다른 방사성 물질과 마찬가지로 이 동위원소도 몸에 축적되면 암에 걸릴 확률을 높인다. 마치 1986년 체르노빌 원자력 발전소 사고처럼 말이다. 하지만 의료용으로 덜 해롭게 쓰일 수도 있다. 스트론튬이 주로 뼈에 축적된다는 사실을 이용해 소량의 방사성 스트론튬-90을 뼈암 방사선 치료에 활용한다.

바륨

바륨
56

원자번호:	56
원자량:	137,327
존재 비율:	425mg/kg
반지름:	215pm
녹는점:	727℃
끓는점:	1897℃
전자 배치:	(Xe) 6s^2
발견:	1808년, H. 데이비

이 무거운 원소는 석유를 얻기 위해 땅을 뚫거나 우리 몸의 장기를 검사하는 데 쓰인다.

바륨은 스트론튬보다 풍부하지만 훨씬 비싸게 팔린다. 무게가 많이 나가기 때문이다. 바륨이 포함된 미네랄은 다른 알칼리토금속보다 훨씬 무겁다. 바륨은 2족에서 밀도가 가장 높고 안정적인 원소다. '바륨'이라는 원소 이름도 그리스어로 무겁다는 뜻인 'barys'에서 비롯했다. 바륨은 중정석(황산바륨)의 형태로 가장 흔하게 존재하며 이 상태로 제일 많이 쓰인다. 새로운 천연가스나 석유를 찾는 시추 회사들은 무거운 바륨을 사용해 액체의 밀도를 높인다.

황산바륨은 우리 몸속을 검사하는 데 활용된다.

사실 바륨 금속과 이온은 심장병이나 몸의 떨림과 마비를 일으키는 등 독성이 있다. 그럼에도 매년 많은 환자들에게 많은 양의 황산바륨이 투여되고 직장을 통해 주입되는데, 황산바륨에는 독성이 없기 때문이다. 황산바륨은 물에 녹지 않아서, 몸에서 큰 문제를 일으키는 바륨 이온을 내보내지 않는다. 무척 가벼운 원소인 베릴륨과는 달리 무거운 바륨은 엑스선을 산란시키는 성질이 뛰어나다. 소화기관의 부드러운 조직은 가벼운 원소로 이뤄져 엑스선으로는 잘 보이지 않는데, 무거운 바륨은 뼈와 비슷하게 엑스선을 산란시켜 소화기관을 타고 흐르면서 그 모습을 탐지하게 해준다. 그래서 엑스선 사진을 찍으려는 환자들은 무척 맛이 없는데도 딸기나 박하 향을 첨가한 '바륨 죽'을 먹어야 한다. 비록 향을 추가해도 별 효과는 없지만 말이다.

무거운 원소인 바륨은 화석연료가 어디 저장되어 있는지 탐지하는 데 이용된다.

라듐

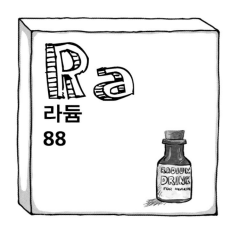

라듐
88

원자번호:	88
원자량:	226
존재 비율:	9×10^{-9}mg/kg
반지름:	215pm
녹는점:	700℃
끓는점:	1737℃
전자 배치:	(Rn) $7s^2$
발견:	1898년, 피에르 퀴리와 마리 퀴리

이 원소는 노동법을 현대화하는 데 두드러진 역할을 했다.

방사능이 높다고 해서 '라듐'이라는 이름을 얻은 이 원소는 방사능이 높은 또 다른 원소인 폴로늄과 함께 1898년에 발견되었다. 19세기에 독일 바이에른 주에서는 피치블렌드라는 미네랄에서 추출한 우라늄염을 도자기의 윤기를 더하는 재료로 사용하였다. 피에르 퀴리와 마리 퀴리는 이 과정에서 남은 폐기물에 방사능이 매우 높다는 사실을 발견했다. 그리고 몇 톤이나 되는 피치블렌드를 샅샅이 뒤져 이 두 가지 화학원소를 찾아냈다.

암 치료하기

마리 퀴리가 평생 찾아낸 방사성 원소들은 병원에서 암을 치료하는 데 활용되었다. 라듐이 붕괴하는 과정에서 방출된 방사성 라돈 기체는 빠르게 증식하는 암세포를 죽였다. 하지만 방사능은 세포를 가리지 않았기 때문에 암세포 말고도 건강한 세포도 죽였다.

법 새로 제정하기

1차 세계대전 동안에 미국 군대에 시계를 제작해 납품하던 회사인 유에스 라듐은 방사능 라듐 페인트를 사용해 눈금판을 반짝이게 만들었다. 눈금판에 페인트를 칠하던 여자 직공들은 선을 정확하게 칠하려고 붓을 종종 혀로 핥았다. 얼마 지나지 않아 직공들은 빨갛게 부은 염증으로 고생하는가 하면 구강암에 걸리거나 방사능 관련 질환으로 사망했다. 하지만 유에스 라듐은 사실을 감추려고 했다. 결국 1928년에 직공들은 힘을 합쳐 법적 대응을 펼쳤으며, 법원은 직공들의 손을 들어주었다. 이 사건을 계기로 미국에서는 노동법이 개정되었다.

공장 노동자들이 시계 눈금판의 빛을 내는 부분에 라듐이 든 페인트를 섬세하게 칠하고 있다.

전이금속
다양하게 사용되는 화려한 색깔의 촉매

각각의 전이금속은 총 10개의 전자가 들어갈 수 있는 d 오비탈을 부분적으로 채운다. 이 원소들의 화학 반응은 전자를 주고받는 것이 전부다.

어떤 원소가 화학 반응에서 전자를 잃으면서 이온결합을 이루면 산화되었다고 말한다. 이때 교환된 전자의 수로 이온의 산화 상태를 알 수 있다. 산화 상태가 양수면 원자가전자를 잃어 양이온이 되었다는 뜻이다. 그리고 산화 상태가 음수면 원소가 전자를 얻은 것이다. 산화 상태가 0이면 중성 원소인데, 전자의 수가 핵 속의 양성자 수와 완전히 균형을 이루기 때문이다.

촉매
대부분의 전이금속은 d 오비탈(부껍질)의 전자를 느슨하게 붙들고 있다. 이들 금속은 전자를 잃으려 하

전이금속은 산화 상태가 다양해서 색이 화려하고 촉매로도 사용된다.

번호	이름	-5	-4	-3	-2	-1	기호	+1	+2	+3	+4	+5	+6	+7	족
19	칼륨					-1	K	+1							1
20	칼슘					-1	Ca	+1	+2						2
21	스칸듐						Sc	+1	+2	+3					3
22	타이타늄				-2	-1	Ti	+1	+2	+3	+4				4
23	바나듐			-3		-1	V	+1	+2	+3	+4	+5			5
24	크로뮴		-4		-2	-1	Cr	+1	+2	+3	+4	+5	+6		6
25	망가니즈			-3	-2	-1	Mn	+1	+2	+3	+4	+5	+6	+7	7
26	철		-4		-2	-1	Fe	+1	+2	+3	+4	+5	+6		8
27	코발트			-3		-1	Co	+1	+2	+3	+4	+5			9
28	니켈				-2	-1	Ni	+1	+2	+3	+4				10
29	구리				-2		Cu	+1	+2	+3	+4				11
30	아연				-2		Zn	+1	+2						12
31	갈륨	-5	-4		-2	-1	Ga	+1	+2	+3					13
32	저마늄		-4	-3	-2	-1	Ge	+1	+2	+3	+4				14
33	비소			-3	-2	-1	As	+1	+2	+3	+4	+5			15
34	셀레늄				-2	-1	Se	+1	+2	+3	+4	+5	+6		16
35	브로민					-1	Br	+1		+3	+4	+5		+7	17
36	크립톤						Kr		+2						18

는 성질이 강하지만, 몇몇 경우에는 전자를 받아들이기도 한다. 그에 따라 산화 상태의 폭이 다양해진다. 예컨대 d 오비탈을 나타내는 줄의 한가운데인 4주기에는 망가니즈가 자리한다. 껍질이 반쯤 차 있기 때문에 산화 상태가 −3에서 +7까지 무려 10가지에 이른다. 이렇듯 원소가 다양한 모습을 가질 수 있기 때문에 여러 화학 반응이 가능해진다. 전이원소들은 다른 원자와 전자를 교환해 화학 반응을 더욱 빠르고 효과적으로 해낸다. 그 과정에서 스스로 반응의 산물이 되는 일도 없다. 이런 성질을 보이는 성분을 촉매라고 부른다. 전이금속은 플라스틱을 만들거나 독성 기체를 안전하게 폐기하는 등 많은 반응에서 촉매 역할을 한다.

도체

이렇듯 몇몇 전이금속은 전자가 자유롭게 이동하기 때문에 열과 전기 전도율이 좋다. 전기란 전자들이 특정 방향으로 일제히 이동하는 현상일 뿐이다. 그래서 전자가 자유로울수록 움직임이 더 쉽게 일어난다. 무겁고 큰 이온이나 원자보다는 가볍고 빠른 전자를 통해 에너지가 퍼진다면 열 또한 더 효과적으로 전달될 것이다. 전이금속의 또 다른 특성은 자성인데, 모든 전자가 같은 방향을 바라볼 때 생긴다. 이때 자유로운 전자들은 자기가 어디를 향할지 마음대로 택할 수 있다. 그뿐만 아니라 전자들은 이 원자의 서로 다른 에너지 준위 사이를 더 쉽게 이동한다. 이런 성질 덕분에 산화 상태에 따라 이 원자들은 놀랄 만큼 다양한 색을 띤다. 그 결과 무지갯빛 화합물이 만들어진다. 또한 이 원소들은 폭죽이나 불꽃, 전기 조명에 색을 더하기도 한다.

전이금속의 여러 정의

하지만 이 금속들의 모음을 완벽하게 뭉뚱그리는 단 한 가지의 방식은 없다. 이 책에서는 d 오비탈을 가진 3족부터 12족까지의 금속을 모두 전이원소로 여기는, 많이 쓰이는 정의를 따랐다. 국제 순수화학 및 응용화학협회는 다르게 정의하는데, 협회의 정의에 따르면, d 오비탈을 부분적으로 채운 '음전하로 대전된 이온'을 가지거나 형성할 수 있는 모든 원소가 전이원소다. 이 정의에 따르면 d 오비탈에 전자를 전부 채우는 12개 원소는 엄밀하게 말해 전이원소가 아니다. 다른 원소들과 무척 다른 특성을 갖기 때문이다. 또 이 정의에 따르면 스칸듐과 이트륨이 전이원소에 포함되는데, 이들 원소 역시 금속 상태에서 d 오비탈을 부분적으로 채우기 때문이다. 하지만 이 두 원소는 다른 전이금속처럼 촉매로서의 특성을 갖지는 않는다. 란타넘족과 악티늄족 원소 또한 p 오비탈과 d 오비탈 사이에 다리를 놓기 때문에 전이원소라고 할 수 있다. 몇몇 주기율표 표기법에서는 이런 '안쪽 전이금속'까지 전이원소에 포함시킨다. 이렇게 32개의 세로줄과 족을 표시하면 원자 속의 전자 배치와 함께 오비탈을 채우는 데 사용하는 규칙을 더욱 잘 드러낼 수 있다.

전이금속이 무엇인지에 대해서는 여러 정의가 있다. 학자들에 따라 몇몇 금속이 덧붙기도 하고, 빠지기도 한다.

스칸듐

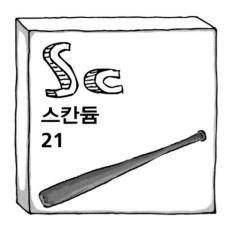

원자번호:	21
원자량:	44.9559
존재 비율:	22mg/kg
반지름:	160pm
녹는점:	1541℃
끓는점:	2836℃
전자 배치:	(Ar) 3d¹ 4s²
발견:	1879년, L. F. 닐손

멘델레예프의 표에서 빠졌던 원소. 미래 세대의 연료 탱크를 만드는 데 이 원소를 활용할 수 있을까?

1871년에 두 번째로 만든 주기율표를 통해 멘델레예프는 칼슘과 타이타늄 사이에 또 하나의 금속이 존재할 거라 예측했다. 원자량이 약 44이며 원자 2개에 산소 3개가 결합하는 형태라는 것이다. 1879년에 스웨덴 화학자 라르스 닐손(Lars Nilson)은 광석에서 새로운 원소를 발견했다고 발표했으며, 스웨덴이 속한 스칸디나비아 지역의 이름을 따서 원소의 이름을 '스칸듐'이라 지었다. 동료 화학자인 페르 테오도르 클레베는 이 원소가 멘델레예프가 말했던 금속이라는 사실을 깨닫고는, 멘델레예프에게 닐손의 발견 소식을 알렸다. 스칸듐은 원자량이 45였으며, 멘델레예프가 예측했던 대로 분자식이 Sc_2O_3인 산화스칸듐 형태였다. 닐손은 이 산화물을 분리하는 데 성공했다. 하지만 원소 상태의 금속을 실험을 통해 소량 추출한 것은 그로부터 50년도 더 지난 1937년이었다.

어디에나 존재하는 원소

스칸듐은 전 세계의 다양한 광석에 흩어져서 분포한다. 스칸듐은 +3 산화 상태로만 제한되어 나타나기 때문에 다른 전이금속 사촌에 비해서는 화학적인 성

넓은 판 모양의 스칸듐 분자에는 구멍이 나 있어서, 수소를 흡수해서 저장했다가 나중에 연료로 사용하기에 완벽한 구조다.

질이 다양하지 않다. 또한 무척 가벼워서, 자전거 틀을 가볍고 튼튼하게 만드는 합금에 넣을 수도 있다. 하지만 값싼 탄소 섬유나 타이타늄 합금에 비해 가격 면에서는 경쟁이 되지 않는다.

미래의 에너지

스칸듐은 다른 용도로도 사용할 수 있다. 수소 연료 자동차에 들어갈 가벼운 연료 탱크를 만들 수 있기 때문이다. 스칸듐 금속을 유기 분자와 결합하면 스펀지처럼 구멍이 여기저기 뚫린 물질이 만들어진다. 이 재료는 차가운 수소를 흡수한 다음 나중에 가열될 때 방출한다. 이런 작용을 통해 안전하고 효율적으로 수소를 저장할 수 있으며, 기체를 엄청난 압력 아래 저장하는 두꺼운 탱크를 대체하기에 딱 좋다.

타이타늄
기술자들에게 정말 중요한 원소

원자번호:	22
원자량:	47.867
존재 비율:	5650mg/kg
반지름:	140pm
녹는점:	1668℃
끓는점:	3287℃
전자 배치:	(Ar) 3d^2 4s^2
발견:	1791년, W. 그레고르

타이타늄은 분리하긴 어려워도, 이 원소나 그 화합물이 없었다면 오늘날의 세상은 지속되지 못할 것이다.

타이타늄은 지구에 꽤 흔하게 존재하지만 단단하게 결합한 화합물에서 타이타늄을 추출하기란 무척 어렵다. 오늘날에는 크롤 반응을 통해 가장 흔한 타이타늄 화합물인 이산화타이타늄(TiO_2)에서 순수한 타이타늄 금속을 추출한다. 이 화합물은 전 세계 곳곳에서 다량으로 발견된다. 이산화타이타늄에 염소 기체를 쏘인 다음 약 1000℃에서 탄소와 함께 가열하면 사염화타이타늄($TiCl_4$)이 만들어진다. 산업계에서는 이 화합물을 '티클'이라 부른다. 이 화합물은 공기 중에 그대로 두면 산소나 물과 반응해 다시 TiO_2로 돌아가기 때문에 아르곤 기체 안에 보관해야 한다. 하지만 티클을 이 비활성기체 안에 넣어 850℃까지 고온으로 올리고 반응성이 좋은 마그네슘(싸고 구하기 쉬운 원소)을 넣으면, 티클은 원소 상태의 타이타늄 금속을 만들어낸다.

타이타늄의 구조

일단 타이타늄 금속이 만들어지면 표면 전체에 TiO_2로 된 얇은 보호막이 생긴다. 그래야 금속이 공기에

지금껏 만들어진 제트기 가운데 가장 빠른 SR-71 블랙버드는 동체의 대부분이 가볍고 튼튼한 타이타늄으로 이루어져 있다.

더 반응하지 않는다. 이 금속을 추출하는 과정은 비용이 많이 들어서, 가볍고 튼튼한 타이타늄은 비용이 크게 중요하지 않은 상황에 활용된다. 타이타늄은 가벼운 군용 또는 민간 비행기를 제작하는 데 쓰이는데, 그중에는 세계에서 가장 빠른 유인 제트기 SR 블랙버드도 포함된다. 또한 고급 시계와 안경, 장신구를 만드는 데도 사용된다. 타이타늄은 산화물로 덮여 있어서 바닷물과 반응하지 않는데, 그래서 가볍고 튼튼

해야 하는 보트나 잠수함 프로펠러축을 만드는 재료로도 쓰인다.

타이타늄은 독성이 없어 사람 몸속에서 뼈와 연결된 고급 관절 대체물로 활용할 수 있다. 특히 고관절에 적합하다. 타이타늄은 유기 화합물 사이에서 여러 반응을 매개하는 훌륭한 촉매이기도 하다. 수 톤의 플라스틱을 중합할 때, 필요한 타이타늄 촉매의 양은 아주 소량에 불과하다. 아무리 많은 폴리에틸렌 제품을 구매한다 해도 작은 분자들을 길게 늘이기 위해 촉매로 사용하는 타이타늄의 양은 아주 적다.

복잡한 디자인

타이타늄 금속을 추출하는 원료인 이산화타이타늄은 상대적으로 저렴하며 쓰임새가 무척 다양하다. 이 흰색 화합물은 치약부터 페인트까지 일상 생활용품의 무게를 가볍게 하는 데 활용된다. 지금 이 순간에도 여러분이 앉아 있는 실내는 TiO_2로 둘러싸여 있을지 모른다. 식품첨가물 코드번호가 E171인 이 화합물은 감미료나 치즈, 케이크 장식용 설탕 가루를 하얗게 만드는 용도로 식품 산업에서도 활용된다. 이산화타이타늄은 자외선을 잘 흡수하기 때문에 자외선차단제로도 유용하다. 다만 TiO_2에 흡수된 자외선은 전자를 방출하는데, 이 전자는 유기 분자에 계속 반응해 해로운 효과를 일으킬 수 있다. 그러니 안전한 자외선 차단제를 만들기 위해서는, 자유롭게 풀려난 전자를 흡수할 규소나 알루미늄 산화물인 알루미나 보호막으로 코팅해야 한다. 하지만 다른 상황에서는 이 위험한 자유 전자도 나름의 쓰임새가 있다. 연구 결과에 따르면 병원에서 사용하는 타일 표면에 TiO_2를 얇게 씌우면 멸균 효과가 있다. 막을 씌우면 물이 방울지지 않고 이리저리 흩어지는데, 그러면 얼룩과 다른 수성 잔여물이 타일에 남지 않는다. 또한 TiO_2를 건축용 자재를 코팅하는 데 사용하면 건물의 외장재나 보도, 도로를 깨끗하게 관리할 수 있을 것이다.

고관절 대체물은 타이타늄 금속으로 만들어진다. 튼튼한 산화물 층이 금속의 겉을 덮어 타이타늄은 부식되지 않는다. 그래서 강한 화학물질이 가득한 사람의 몸속에서 쓰일 때 효과적이다.

바나듐

원자번호:	23
원자량:	50.9415
존재 비율:	120mg/kg
반지름:	135pm
녹는점:	1910℃
끓는점:	3407℃
전자 배치:	(Ar) 3d³ 4s²
발견:	1801년, M. 델 리오(추정)

바나듐은
바나듐
23

바나듐의 발견을 비롯해, 이 원소가 생체에서 하는 역할을 둘러싸고 논란이 계속되고 있다.

독일의 화학자 알렉산더 폰 훔볼트(Alexander Von Humboldt) 남작은 바나듐을 처음 발견한 인물이라고 200년 넘게 알려져 있었다. 하지만 훔폴트 남작이 남긴 샘플이나 쪽지는 조난 사고를 겪으면서 분실되었다. 그후 여러 유명한 과학자들이 바나듐을 발견했다. 그렇지만 1831년에 스웨덴의 닐스 세프스트룀(Nils Sefström)이 처음으로 충분하고 설득력 있는 증거를 내놓았다.

색이 화려한 원소

세프스트룀은 북유럽의 여신 바나디스의 이름을 따서 이 원소의 이름을 '바나듐'이라고 지었다. 바나디스는 아름다움과 비옥함을 담당하는 여신이다.

바나듐 화합물이 무지개 색의 화려한 빛깔과 여러 화학적 성질을 보이는 이유는, 바나듐의 산화 상태가 −1에서 +5까지 일곱 가지이기 때문이다. 그 색깔은 분광법으로 분석하기에 이상적이다. 분광법은 효소를 확인하는 데 쓰이는 수단이며, 효소는 생체 촉매에서 활성을 띠는 부분이다.

보호와 예방

바나듐은 생명체 안에서 몇 가지 역할을 한다. 많은 학자들이 뜨겁게 논쟁하는 주제가 바로 이 부분이다. 먼저 멍게나 광대버섯은 몸에 다량으로 바나듐을 축적하고 있는데, 그 이유는 확실하지 않다. 어쩌면 포식자를 중독시키기 위해서거나, 자기 몸속의 분자들이 과산화수소에 의해 분해되지 않도록 보호하기 위해서일 가능성이 있다. 바나듐이 있으면 과산화수소가 곧 활성을 잃기 때문이다. 바나듐 이온이 확실히 가진 생물학적 특성은 인슐린을 활성화시킨다는 것이다(이 호르몬을 모방하는 것은 아니다). 그래서 당뇨병 환자들에게 바나듐 화합물이 처방되기도 한다.

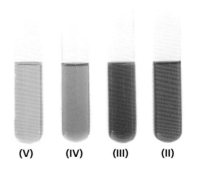

(V)   (IV)   (III)   (II)

바나듐은 산화 상태에 따라 다양하게 화려한 색깔을 보여준다.

크로뮴

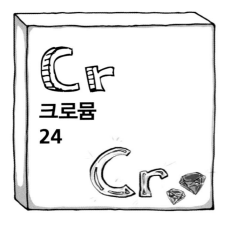

원자번호:	24
원자량:	51.9961
존재 비율:	102mg/kg
반지름:	140pm
녹는점:	1907℃
끓는점:	2671℃
전자 배치:	(Ar) $3d^5\ 4s^1$
발견:	1798년, L. N. 보클랭

무지개 색 빛깔이 색이 없는 광물에 보석 같은 광채를 더해준다.

반짝거리는 크로뮴으로 도금하면 금속 부식을 막을 수 있다.

'크로뮴'이라는 단어는 자동차의 반짝이는 금속제 범퍼와 합금 휠을 연상시킨다. 금속 크로뮴이 반짝거리는 이유는 산화크로뮴 막 때문인데, 이 막은 금속이 공기에 접하지 않게 차단함으로써 부식을 막는다. 금속을 도금하거나 스테인리스 스틸을 만드는 용도 말고는 금속 상태의 크로뮴 원소는 쓰임새가 무척 제한적이다.

색깔 화려한 염

'크로뮴'이라는 단어는 그리스어로 색깔을 뜻하는 'chroma'에서 비롯했다. 크로뮴 화합물의 색깔이 무척 화려하기 때문이다. 크로뮴 화합물이 띤 색깔은 산화크로뮴(CrO_3)의 어두운 붉은색에서 무수염화크로뮴(III)($CrCl_3$)의 보라색까지 다양하다. 그래서 크로뮴 화합물은 여러 세기에 걸쳐 염료와 색소로 사용되었다. 또 자성을 띠는 산화크로뮴(IV)(CrO_2)은 데이터를 저장하고 백업하는 자기 테이프를 제작하는 데 사용된다. 산화크로뮴 화합물은 전 세계적으로 생산되는 폴리에틸렌의 절반가량에서 촉매로 사용된다.

화려한 반짝임

크로뮴의 색깔이 가장 멋지게 드러나는 경우는 보석에 사용될 때다. 원래 색이 없던 강옥, 녹주석, 금록석 같은 광물이라도 크로뮴을 약간만 더하면 루비, 에메랄드, 진한 초록색의 알렉산드라이트가 된다. 알렉산드라이트는 어느 방향에서 보느냐에 따라 색깔이 바뀌어 더욱 매혹적이다.

망가니즈

Mn
망가니즈
25

원자번호:	25
원자량:	54.938
존재 비율:	950mg/kg
반지름:	140pm
녹는점:	1246℃
끓는점:	2061℃
전자 배치:	(Ar) $3d^5$ $4s^2$
발견:	1774년, J. G. 간

망가니즈를 마그네슘과 혼동하는 사람이 많다. 두 원소의 이름이 그리스 북부의 마그네시아라는 지명에서 왔기 때문이다.

17세기에는 마그네슘 광물을 '하얀 마그네시아', 이보다 진한 색의 산화망가니즈를 '검은 마그네시아'라 불렀다. 산화망가니즈는 석기 시대인이 동굴에 그림을 그리는 데 썼던 광물이기도 하다. 자석을 뜻하는 영어 단어 'magnet' 역시 마그네시아라는 지명에서 왔다. 이 지역에서 자성을 띤 자철석이 났기 때문이다. 망가니즈라는 금속 자체에는 자성이 없지만, 색깔 없는 염인 황산망가니즈($MnSO_4$)는 자성을 띤다. 이 화합물 안에 든 망가니즈의 5d 오비탈에 전자들이 전부 짝을 짓지 않은 상태로 있어서, 어떤 자기장일지라도 스핀이 나란히 배열될 수 있기 때문이다.

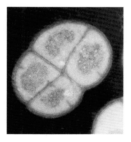

데이노코쿠스 라디오두란스 (*Deinococcus radiodurans*)는 아마도 지구상에서 가장 강한 극한성 미생물일 것이다. 이 미생물은 인간을 사망에 이르게 할 수 있는 방사선의 3000배를 쬐어도 살아남는다. 망가니즈가 들어 있는 효소가 보호해주기 때문이다.

물을 제거한다. 망가니즈를 섞으면 강철 안에서 낮은 온도에서 녹는 황화철이 높은 온도에서 녹는 황화망가니즈로 바뀐다.

압연강

광물에서 생산되는 망가니즈 금속의 약 90%는 철강 산업에 쓰인다. 강철은 압연하거나 제련할 때 잘 망가지는데, 영국인 로버트 포레스터 무세트(Robert Forester Mushet)는 녹은 강철에 망가니즈를 약간 섞으면 문제가 해결된다는 사실을 발견했다. 망가니즈는 철보다 황과 결합하는 능력이 강해 강철 속의 황 불순

세포 보호하기

DNA는 초산화물인 $O_2^{\cdot-}$ 같은 화학적 자유라디칼의 공격을 받고, 세포는 계속해서 DNA를 수리한다. 망가니즈과산화물제거효소(MnSOD)의 일부인 망가니즈는 $O_2^{\cdot-}$를 안전한 과산화수소(H_2O_2)로 바꾼다. 이 과정 덕분에 우리 세포는 수리해야 할 DNA가 지나치게 많아지는 일을 막을 수 있다.

철

별의 종말

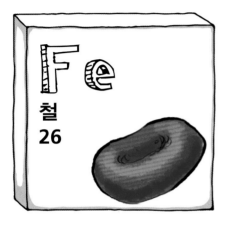

원자번호:	26
원자량:	55.845
존재 비율:	56300mg/kg
반지름:	140pm
녹는점:	1538℃
끓는점:	2861℃
전자 배치:	(Ar) $3d^6 4s^2$
발견:	기원전 5000년

지구와 그 위에서 살아가는 생명들이 펼치는 장대한 이야기에서 철을 빼놓을 수 없다.

골짜기에서 공을 굴리면 어떻게 될까? 공이 움직이면서 마침내 가장 안정적이고 에너지 상태가 낮은 밑바닥에서 멈출 것이다. 자연의 모든 사물은 이와 같은 상태가 되고자 한다. 가장 안정적이고 에너지가 낮은 상태에 머물고자 하는 것이다. 이때 전하와 전자기력(EM)을 다루는 화학이 이 사물의 움직임을 지배한다. 하지만 모든 원자의 내부에는 또 다른 힘이 작용하고 있다. 핵 속의 중성자와 양성자는 강한 핵력에 의해 다른 양성자와 중성자에 이끌린다. 이 핵력이 없다면 안정적인 원자핵은 존재하지 못할 것이다.

핵의 내용물을 한데 모으기

양전하로 대전된 양성자들은 전자기력 때문에 끊임없이 서로를 밀어낸다. 하지만 이런 전자기력보다 더 강한 힘이 핵의 내용물을 서로 강하게 잡아당긴다. 즉 핵의 안정성은 핵을 서로 찢어놓으려는 전자기력과 서로를 묶으려는 강한 힘 사이의 줄다리기에 달려 있다.

중성자는 전하가 없기 때문에 원자의 화학적 성질을 바꿀 수는 없지만 원자핵을 안정적으로 구성하는 데 필수적이다. 중성자는 양성자의 사이를 약간 벌려주면서 양성자 사이의 전자기적인 반발력을 줄인다. 또한 중성자는 핵 내부의 끌어당기는 힘을 좀 더 강하게 해준다.

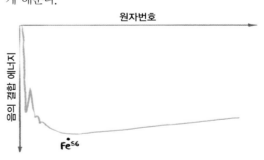

핵 안에 존재하는 두 가지 힘 가운데서도 대부분의 철 원자에는 내부의 강한 결합력이 지배적이다. 다른 모든 원자 안에서는 양성자끼리 서로 밀어내는 전자기력이 크기 때문에 핵의 안정성이 떨어진다.

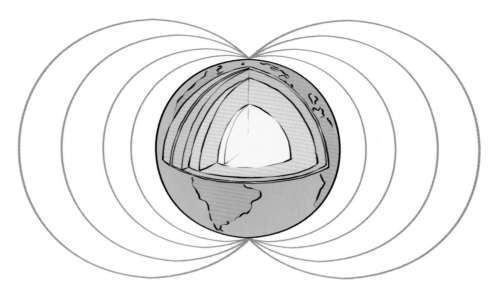

외핵 속에 용해된 철이 순환하면서(대류) 지구를 보호하는 자기장을 만든다.

가장 안정적인 핵

별 내부의 핵융합이 에너지를 방출하는 이유는, 핵융합 결과 만들어지는 무거운 핵이 가벼운 그 구성 성분보다 안정적이기 때문이다. 하지만 골짜기에 굴린 공과 마찬가지로 핵에도 에너지가 가장 낮고 가장 안정적인 밑바닥 상태가 존재한다. 철은 화학적으로는 반응성이 높지만 원소 가운데 가장 안정적인 핵을 가졌다. 무언가를 철의 핵과 융합시키려 한다면 거기서 에너지를 얻지는 못할 것이다. 대신 에너지가 필요하다. 이렇듯 무척 안정적이기 때문에, 철은 별이 핵융합을 통해 만들어낼 수 있는 가장 무거운 원소다. 별의 일생이 끝날 때쯤 철은 다른 금속들보다 풍부하게 발견된다.

지구와 그 생명체에 핵심적인

철은 지구의 내핵과 외핵 거의 대부분을 차지하기 때문에 지구에서 가장 흔한 원소다. 또한 느슨하게 결속되어 있어서 쉽게 조종할 수 있는 원자가전자가 많기 때문에 자성이 강하다. 철은 뜨거운 액체 상태로 외핵 속을 움직이면서 지구를 보호하는 자기장을 만들어낸다.

또 철의 원자가전자들은 산화상태가 여럿이다. 이 성질 때문에 철은 전자들을 잘 이동시키고 여러 방식으로 지구의 생명체에게 활용된다. 철은 세포 속 수많은 효소의 중심부에 자리하며 여러 과정의 속도를 높여준다. 헤모글로빈과 미오글로빈의 중심부에 자리 잡은 원소도 철이다. 몸속 적혈구에서 발견되는 두 단백질은 산소 분자와 복합체를 이뤄 산소를 몸 이곳저곳으로 실어 나른다. 그리고 세포는 '호흡' 과정에 그 산소를 사용함으로써 에너지를 생산한다.

알츠하이머와 철

철의 산화 상태 가운데 몇몇은 물에 녹지 않는다(철 III). 그러면 효소나 수송 단백질의 일부가 되지 못해 고체 상태로 석출된다. 이러면 세포는 많은 고체 철로 가득 차 파괴될 수밖에 없다. 뇌를 구성하는 신경 세포인 뉴런에 그런 일이 생긴다. 뉴런이 서로 연결되는 독특한 방식은 우리의 생각과 느낌을 설계한다. 그런데 알츠하이머 같은 퇴행성 질환에 걸리면 여러 해에 걸쳐 이 뉴런에 철이 천천히 축적되어 세포가 활동하지 못하게 된다.

코발트

원자번호:	27
원자량:	58.9332
존재 비율:	25mg/kg
반지름:	135pm
녹는점:	1495℃
끓는점:	2927℃
전자 배치:	(Ar) 3d⁷ 4s²
발견:	1739년, G. 브란트

코발트는 광물에서 추출하기가 어려우며 그 과정에서 종종 독성이 있는 산화비소가 나온다. 이 특성 때문에 예전의 광부들은 이 원소를 악마와 연결 지었다. 이 원소의 이름은 독일어 'kobold'에서 유래했는데, 고블린 또는 악령을 뜻하는 단어다. 코발트는 고대부터 염료로 쓰였다. 예컨대 이집트에서 푸른색 페인트에 쓰이거나 그리스에서 유리 꽃병에 사용되었다.

코발트는 추출하기가 까다롭고 위험하다. 그래서 독일어로 고블린을 뜻하는 'kobold'에서 원소의 이름이 유래했다.

얻기 어려운 원소

코발트는 별의 내부에서 생기지 않는 가장 가벼운 원소다. 하지만 별이 폭발하면서 죽음을 맞을 때 이 원소가 생긴다. 대부분의 별들은 우주 공간으로 격렬하게 흩어지며 사라지지만 몸집이 충분히 큰 별들은 초신성 폭발로 생애를 마감한다. 이 과정에서 나오는 에너지로 가벼운 원소들을 융합해 무거운 원소를 만들 수 있다. 보통 하나의 별이 만들어내기에는 불가능한 원소들이다. 코발트를 비롯해 원자번호가 높은 몇 원소들이 이 과정에서 형성된다. 이런 이유로 코발트는 이웃 원소인 철과 비교하면 2500배 양이 적으며 다른 전이금속과 함께 채굴되는 경우에만 다량으로 발견된다. 예컨대 구리를 캐내는 과정에서 코발트가 부산물로 많이 나온다.

강자성

코발트는 화학적으로 철과 비슷하며, 니켈과 함께 강자성을 띠는 3개의 전이금속 원소 가운데 하나다. 이 원소들은 영구자석이 될 수 있으며 자성을 띠는 물질에도 이끌린다. 그래서 코발트는 자기 테이프나 컴퓨터 디스크의 읽기, 쓰기 기능에 사용되거나 스피커, 전기 모터에 들어간다. 이 금속은 다른 금속보다 높은 온도에서도 자성을 유지하며, 고온의 자석과 합금해 터보 모터에 사용하기도 한다. 또한 녹는점이 높아서 고온에서도 튼튼한 초합금의 재료로 쓰인다. 이런 합금으로 드릴이나 톱, 비행기 터빈을 도금한다.

니켈

원자번호:	28
원자량:	58.6934
존재 비율:	84mg/kg
반지름:	135pm
녹는점:	1455℃
끓는점:	2913℃
전자 배치:	(Ar) 3d^8 4s^2
발견:	1751년, F. 크론스테트

니켈의 이름은 붉은색을 띠는 광물에서 유래했는데, 독일 광부들은 이 광물을 'kupfernickel'이라 불렀다. '성 니콜라스의 구리'라는 뜻이었다.

니켈은 튼튼하고 잘 부식되지 않는 금속으로 강철이나 철을 도금하는 데 쓰인다. 하지만 니켈 도금 장신구를 착용한 몇몇 사람들은 니켈이 소량의 땀에 녹아 알레르기 반응을 일으키기도 한다. 식품이 주석과 반응하지 않도록 통조림 캔 안에 니켈을 입히기도 하는데, 콩 통조림 안쪽에 세균이 내보낸 황 성분과 니켈이 반응해 황화니켈 반점이 나타나는 경우도 있다.

값싸게 추출하는 원소
1890년에 독일 출신의 루트비히 몬트(Ludwig Mond)

니켈은 독일어 단어 'kupfernickel'에서 이름을 가져왔다. '성 니콜라스의 구리'라는 뜻이다.

경은 니켈로 만든 밸브에 독성이 있는 일산화탄소 기체를 통과시키니 밸브가 자꾸 망가지고 샌다는 사실을 발견했다. 니켈이 일산화탄소와 반응해 니켈카르보닐이라는 물질을 만들기 때문이다. 다른 금속과 달리 이 화합물은 끓는점이 고작 42℃로 무척 낮았다. 그리고 카르보닐은 열을 가하면 불안정해지는 특성이 있으며, 니켈카르보닐도 섭씨 180℃에서 니켈과 일산화탄소로 되돌아간다. 몬트는 니켈을 추출하는 아주 값싸고 간단한 방법을 발견해 엄청난 부자가 되었다.

생명의 시작
고대의 생명체들은 일산화탄소가 풍부했던 대기에서 에너지를 얻고자 니켈을 활용했다. 니켈은 아직도 탄소 순환의 필수적인 과정을 이루는 여러 효소의 핵심에 자리한다. 이 효소들은 일산화탄소를 이산화탄소로, 이산화탄소를 아세테이트로, 아세테이트를 메탄으로 변환해서 다시 대기로 방출한다.

구리
반응성 좋은 붉은 원소

원자번호:	29
원자량:	63.546
존재 비율:	60mg/kg
반지름:	135pm
녹는점:	1085℃
끓는점:	2562℃
전자 배치:	(Ar) $3d^{10}$ $4s^1$
발견:	기원전 9000년

구리는 석기 시대에서 청동기 시대에 이르기까지 청동을 만드는 과정에서 꼭 필요한 원소였다. 구리와 주석을 2:1의 비율로 섞어 청동을 만들었기 때문이다. 청동은 전 세계 유적지에서 발굴되는데, 이는 인류가 이 금속을 1만 년 전부터 캐서 사용했다는 것을 뜻한다.

이 금속의 이름은 키프로스 섬을 가리키는 로마어 'Cuprum'에서 비롯했다. 로마인들이 로마제국 시대에 대부분의 구리를 이 섬에서 채굴했기 때문이다.

화합물이 내는 색깔
구리가 붉은색을 띠는 이유는, 꽉 찬 3d 오비탈과 반쯤 찬 4s 오비탈 사이에서 전자가 이동하기 때문이다. 반짝거리는 구리의 표면은 공기에 노출되면 천천히 검은색으로 변하며 산화구리가 된다. 이렇게 공기에 지속적으로 노출되다 보면, 구리는 자유의 여신상과 같은 독특한 청록색을 띤다(탄산구리(II)).

전선의 재료
구리는 자유전자를 내보내는 경향이 강하다. 이 전자는 금속 내부에서 이온들 사이로 이리저리 움직인다.

공기 중의 이산화탄소는 천천히 구리와 반응해 청록색이라는 독특한 색을 낸다(탄산구리(II)).

이렇게 물질 내부로 전자가 쉽게 흐르기 때문에 구리는 열과 전기의 훌륭한 도체가 된다. 또 구리는 연성이라는 성질을 지니고 있어서 아주 얇은 전선으로 늘릴 수 있다. 이런 이유로 구리는 오늘날 전기와 데이터를 우리 현관까지 실어 나르는 전선으로 널리 쓰인다. 유럽과 미국에서는 전선으로 사용하는 구리가 1인당 150kg에 이른다. 그리고 중국과 인도처럼 급격히 발전하는 개발도상국에서는 구리의 값이 치솟고 있다. 겨우 5년 사이에 구리 값이 4배로 뛰었을 정도다. 하지만 전 세계의 구리 양을 합쳐도 모든 나라가 유럽이나 미국 수준의 기간 시설을 갖출 만큼 충분하지는 않다.

전자를 윙윙 움직이는

소량의 구리는 지구에 있는 모든 종의 생명체에서 필수적인 역할을 한다. 이는 Cu^+ 이온에서 Cu^{2+} 이온으로 전환되면서 전자 하나를 이동시키는 이 금속의 능력 덕분이다. 구리가 함유된 효소들은 이 성질을 활용해 포도당에서 에너지를 생산해내는 '호흡'을 한다. 또 다른 효소인 티로시나아제는 티로신을 L-도파로 바꾼다. L-도파는 투쟁-도피 반응을 일으키는 아드레날린 호르몬의 전구물질이다. 또한 L-도파는 몸속에서 분해되어 도파민이 되기 때문에 파킨슨병 치료제로도 활용될 수 있다. 신경세포 사이의 상호작용이 깨졌을 때 그 사이를 매개하는 역할을 하는 것이다.

푸른색 피

대부분의 생물은 철 분자를 활용해 세포에 산소를 공급한다. 하지만 일부 유기체들은 철 대신에 구리를 사용한다. 푸른색을 띤 분자 헤모시아닌에는 구리 원자 2개가 들어 있어서 산소 분자(O_2)와 효과적으로 결합한다. 그런데 헤모글로빈과는 달리, 헤모시아닌 분자는 특정 혈액 세포 안에서 발견되는 대신 혈액 자체에 들어 있다. 게, 바닷가재, 문어를 비롯한 무척추동물은 헤모시아닌을 매개로 한 산소 전달 체계에 의존하므로 혈액이 붉지 않고 푸른빛을 띤다. 육지에 사는 유기체 가운데 헤모시아닌을 사용하는 동물은 타란툴라 같은 거미류와 황제전갈, 몇몇 지네류가 있다.

타란툴라 거미는 구리 성분이 들어간 푸른색 혈액을 온몸 이리저리로 보내 산소를 공급한다.

아연

인정받지 못해 과소평가된 원소

원자번호:	30
원자량:	65.38
존재 비율:	70mg/kg
반지름:	135pm
녹는점:	429℃
끓는점:	907℃
전자 배치:	(Ar) $3d^{10}$ $4s^2$
발견:	기원전 1000년

4주기 전이금속의 끄트머리에 자리한 아연은 4s와 3d 오비탈에 전자가 꽉 차 있는 배열을 좋아한다. 하지만 엄밀하게 말하면 12족의 원소는 진정한 전이원소라 말하기 힘들다. 일종의 '명예' 전이원소라 할 만하다.

아연은 자기 전자를 붙들어두려고 하는 성질이 있어서 반응성이 약하지만, 강철이나 철에 덧씌워 녹슬지 않게 막는 용도로는 완벽하다. 정원의 문에서 물결 모양의 지붕에 이르기까지 우리 주변에는 아연 도금된 물건이 많다. 그중에서 가장 매력적인 용도는 구리와 합금해서 놋쇠를 만드는 것이다. 반짝반짝 윤기가 흐르는 놋쇠는 로마 시대부터 장식용으로 널리 쓰였다. 또한 아연 금속은 아연-탄소나 아연-알카라인 전지에서 양극으로 쓰이기도 한다.

자외선 차단제와 아연
산화아연은 자외선을 흡수하는 기능이 뛰어나 자외

로마 시대에 아연은 칼을 튼튼하게 하거나 투구와 갑옷을 장식하는 용도로 사용되었다.

선 차단제로 활용된다. 독성이 없는 하얀 가루인 아연은 페인트나 미네랄 성분이 들어간 화장품에도 사용된다. 또한 아연 피리디온의 형태로 비듬을 막는 샴푸에 들어가거나, 염화아연의 형태로 탈취제에 들어간다. 하지만 아연이 정말로 흥미롭게 사용되는 사례는 유기화학의 영역이다.

새로운 과학 분야

에드워드 프랭클랜드(12쪽, '멘델레예프와 현대 주기율표' 참고)는 유리관 안에 아이오딘화에틸(C_2H_5I)을 아연 가루와 함께 넣어 밀봉한 다음 가열했다. 프랭클랜드는 이 과정에서 에틸자유라디칼($C_2H_5^+$)을 얻으리라 기대했지만, 대신에 인생 최고의 결과를 얻었다. 결과물에 물을 한 방울 떨어뜨리자 유리관 위로 청록색 불꽃이 1미터나 뿜어져 나온 것이다. 이처럼 물이나 공기와 폭발적인 반응을 일으키는 성질을 '발화성(pyrophoric)'이라고 하는데, 이 단어는 불을 품었다는 뜻인 그리스어 'pyrophoros'에서 유래했다. 의도하지는 않았지만 프랭클랜드는 새로운 과학 분야를 개척했다. 바로 유기금속화학이었다.

이 실험으로 만들어진 최초의 유기금속 화합물은 디에틸아연(($C_2H_5)_2Zn$)으로, 아연 원자에 2개의 에틸기가 붙은 물질이었다. 이 분야는 탄소를 기반으로 한 유기화학과 무기화학 사이에 다리를 놓았다. 그리하여 전 세계 플라스틱을 생산하는 산업적인 공정에 속도가 붙었다. 이 화합물은 또한 발광 다이오드(LED) 같은 반도체 소자를 만드는 데 필수적이다.

DNA를 분해하고 합성하다

12족의 다른 원소들이 생명체에 독성을 끼치는 것과 달리, 아연은 생명을 지속시키는 데 중요한 역할을 한다. 이 금속은 '아연 손가락'이라 이름이 붙은 조그만 단백질 구조 안에서 발견되는데, 아연 손가락의 활성 중심에는 하나 이상의 아연 이온이 자리한다. 이 이온들은 복잡하고 거추장스러운 가닥 모양의 분자에 안정성을 부여한다. 가닥을 완벽한 각도로 접거나 새로운 결합을 형성하도록 돕는 것이다. 이런 복잡한 가닥 모양의 분자로는 대표적으로 DNA와 RNA가 있다. 그 밖에도 이런 분자는 여럿 존재한다. 아연 손가락이 없다면 DNA 가닥을 풀고 복제하고 다시 조립하는 과정은 효율성이 떨어질 것이다.

아연은 4족의 다른 전이금속보다 색깔이 화려하지 않지만 그렇다고 시시한 원소는 아니다. 아연은 강철이 녹슬지 않게 하거나 생명체를 지속시키는 임무를 묵묵히 해낸다.

아연 손가락은 DNA 나선을 이리저리 파고들어 그 DNA가 암호화하는 단백질을 만들게 한다.

이트륨

원자번호:	39
원자량:	88.9058
존재 비율:	33mg/kg
반지름:	180pm
녹는점:	1526℃
끓는점:	3336℃
전자 배치:	(Kr) 4d¹ 5s²
발견:	1794년, J. 가돌린

발견 당시 화학자들의 관심은 별로 끌지 못했지만, 이트륨은 물리학의 세계에서 떠오르는 샛별이다. 이트륨이라는 이름은 스톡홀름의 작은 교외 마을인 이테르비에서 따온 것이다. 지명에서 이름이 유래된 네 원소 가운데 하나다. 아폴로 계획으로 밝혀진 바에 따르면 이 원소는 지구보다 달에 훨씬 풍부하게 존재한다.

높은 온도에서도 차가운 원소

1980년대 중반에 고온 초전도체가 발견되기까지는 아무도 이트륨이라는 원소에 신경 쓰지 않았다. 금속을 절대영도(−273℃) 가까운 온도에서 값비싼 액체 헬륨으로 냉각시키면, 전자들은 더 이상 저항을 받지 않고 자유롭게 흐른다. 이렇듯 전기저항이 0인 물질을 초전도체라고 부른다. 그러다가 이트륨 바륨 구리 산화물이 이보다 훨씬 높은 온도인 −178℃에서 초전도체가 된다는 사실이 밝혀졌다. 이 온도는 값싼 액체 질소의 끓는점보다도 낮았기 때문에, 훨씬 저렴한 값으로 초전도체를 만드는 일이 가능해졌다.

세라믹으로 전선을?

세라믹 화합물은 전선이나 필름으로 만들기가 어려워 당장은 쓰임새가 별로 없다. 하지만 언젠가는 이트륨 화합물이나 비슷한 화합물로 더욱 저렴한 MRI 등 의료용 진단기기를 만들 수 있을 것이다.

보석과 레이더

이트륨 알루미늄 가닛(YAG)은 굴절률이 높아서 모조 보석으로 사용된다(73쪽, '지르코늄' 참고).

이트륨은 레이저에서 중요한 역할을 담당한다. 레이저는 오늘날 여러 영역에서 다양하게 활용된다.

이 물질에 란타넘족 원소를 약간 더하면 완전히 새로운 생명이 탄생한다. 이렇게 만들어진 결정체는 초전도체 레이저의 핵심에 자리한다. 또한 이 결정체는 마이크로파 필터로도 사용되는데, 이것은 레이더 조작에 필수적인 장치다.

지르코늄

Zr
지르코늄
40

원자번호:	40
원자량:	91.224
존재 비율:	165mg/kg
반지름:	155pm
녹는점:	1855℃
끓는점:	4409℃
전자 배치:	(Kr) $4d^2\ 5s^2$
발견:	1789년, M. H. 클라프로트

지르코늄이라는 원소 이름은 지르콘이라 불리는 노란색 보석에서 따온 것이다. 이 보석이 빛나는 이유는 주성분인 산화지르코늄 때문이다. 고유의 색깔은 다른 원소 때문이지만 말이다.

반짝이는 원소

오늘날 산화지르코늄은 지르코니아 큐빅을 만드는 데 사용되는데, 이 보석은 다이아몬드보다 더 눈부시게 반짝인다. 이런 반짝임은 굴절률 값이 높기 때문이다. 빛이 이 물질을 통과하면 그중 상당수가 보석 안쪽에 갇혀 이리저리 튕겨 나간다. 결국 보석 표면을 통해 빠져나가지만 그 각도와 방향은 제한적이다. 보석을 다른 각도에서 바라볼 때 우리 눈은 반짝임을 느끼게 된다. 산화지르코늄은 꽤 풍부한 물질인 지르콘에서 추출된다. 오스트레일리아에는 지르콘 모래로만 이뤄진 해안도 있다.

원자로의 주인

금속 지르코늄은 핵연료가 들어가는 금속관, 즉 원자로 안에서 사용하기에 완벽한 성분이다. 이런 환경에서도 지르코늄은 방사성을 띠지 않는데, 중성자가 이 원소를 뚫고 그대로 지나가기 때문이다.

　지르코늄은 낮은 온도에서 부식되지 않지만, 그

노심 용해가 일어나면 핵연료를 담는 지르코늄 용기는 엄청난 고온에서 수증기와 반응할 수 있다. 이 과정에서 만들어진 수소 기체는 폭발을 일으킨다. 핵연료 자체가 폭발하는 것이 아닌 셈이다.

래도 온도가 충분히 올라가면 다른 대부분의 금속처럼 결국 반응을 일으킨다. 일단 반응이 일어나면 지르코늄은 수증기에서 산소를 떼어내 수소 기체를 만든다. 체르노빌 원자력 발전소 사고라든지 더 최근에 일어난 후쿠시마 원전 폭발 사고는 핵연료 때문이 아니라 이 가연성 기체에 불이 붙어 발생했다. 지르코늄 반응이 누적되어 대형 사고가 일어난 것이다.

나이오븀

Nb
나이오븀
41

원자번호:	41
원자량:	92.9064
존재 비율:	20mg/kg
반지름:	145pm
녹는점:	2477℃
끓는점:	4744℃
전자 배치:	(Kr) 4d⁴ 5s¹
발견:	1801년, C. 하쳇

19세기가 시작되자 전 세계 과학자들 사이에는 새로운 원소를 발견하려는 경쟁이 치열해졌다. 국가 간의 경쟁뿐 아니라 새로 발견된 원소의 이름을 둘러싸고 논쟁이 격화되었다.

컬럼븀

1801년에 영국의 찰스 하쳇(Charles Hatchett)은 미국 매사추세츠 주에서 실어온 컬럼바이트라는 광물을 영국 박물관으로 가져와 실험했다. 그 결과 새로운 원소라 여겨지는 금속을 추출했고 원래 광물의 이름을 따서 '컬럼븀'이라 이름 붙였다. 하지만 동료 화학자 윌리엄 하이드 월러스턴(William Hyde Wollaston)은 이 고체가 당시 발견된 지 얼마 안 된 탄탈럼 화합물이라고 주장했다. 곧 하쳇은 과학계를 떠나 마차 제조에 뛰어들어 성공을 거뒀다.

나이오븀

1844년에 독일의 화학자 하인리히 로제(Heinrich Rose)는 하쳇의 주장이 옳았다는 사실을 발견했다. 하쳇의 실험에서 만들어진 석출물은 탄탈럼과 새로운 금속 산화물의 혼합물이었다. 하지만 하쳇이 이미 과학계를 떠났기 때문에 로제는 이 원소에 나이오븀이라는 새 이름을 붙였다. 그리스 신화에서 탄탈로스의 딸인 '니오베'에서 따온 이름이었다. 원소 탄탈럼의 이름도 탄탈로스에서 온 것이었다.

논쟁 끝에 IUPAC가 탄생하다

미국 과학자들은 '컬럼븀'이라는 이름을 더 좋아해 유럽 과학자들과 갈등을 빚었다. 1919년에 '국제순수응용화학연합(IUPAC)'이 만들어져 중재에 나섰는데, 미국 과학자들이 41번 원소를 나이오븀이라 부르기로 합의한다면, 유럽 과학자들이 볼프람이라고 부르는 74번 원소를 텅스텐으로 정리하겠다는 협상안을 내놓았다. 지금까지도 IUPAC는 중재 역할을 하고 있다.

원소의 이름을 짓는 권리를 둘러싸고 논쟁이 불거졌다.

몰리브데넘

원자번호:	42
원자량:	95.95
존재 비율:	1.2mg/kg
반지름:	145pm
녹는점:	2623℃
끓는점:	4639℃
전자 배치:	(Kr) $4d^5 5s^1$
발견:	1781년, P. J. 헬름

만약 여러분이 소설가 더글러스 애덤스의 팬이라면 생명과 우주, 모든 것의 의미가 무엇인지, 그 궁극적인 대답을 알고 있을 것이다. 바로 42다. 그러니 42번 원소는 중요한 역할을 한다. 그냥 하는 말이 아니라 생명의 창조에 큰 역할을 하는 원소다.

생명체를 이루는 집짓기 블록

바다에서 다세포 생명체의 진화가 약 20억 년이나 느려졌던 이유는 몰리브데넘의 양이 제한적이었기 때문이다. 지구 대기에 산소의 양이 충분해진 이후에야 수용성 산화몰리브데넘 이온($(MoO_4)^{2-}$)이 산화물 염에서 생겨나기 시작했다. 바닷속에 세균들이 마구 번식했고 질소 화합물을 만들어냈다. 그리고 이 질소 화합물을 활용해 다른 유기체들이 자라났다.

금속 이온은 질소고정 효소에 필수적인 역할을 하는데, 이 효소는 질소 기체를 질소 화합물로 고정한다. 질소고정 효소는 단세포 세균 속에서는 발견되지만 더 복잡하고 고등한 생명체의 세포 안에는 없다. 질소 화합물은 DNA를 이루는 핵산과 이와 비슷한 분자를 만드는 데 필수적이다(121쪽, '질소' 참고). 대기 중의 질소에서 이 화합물을 합성하는 세균이 없으면 고등 생명체들은 번식과 성장을 하지 못했을 것이다.

납으로 오해받은 원소

몰리브데넘 광석은 납 광석으로 오해를 많이 받았으며, 겉모습 때문에 흑연으로 오해받기도 했다. 1778년에 이르러서야 새로운 원소라고 인정되었다.

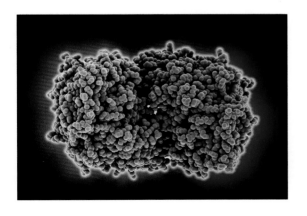

몰리브데넘을 함유한 효소가 질소(N_2)를 암모니아(NH_3)로 변환시키지 않았다면, 생명체를 암호화하는 핵산은 만들어지지 못했을 것이다.

테크네튬
쉽게 발견되지 않은 원소

Tc
테크네튬
43

원자번호:	43
원자량:	(98)
존재 비율:	3×10^{-9}mg/kg
반지름:	135pm
녹는점:	2157℃
끓는점:	4265℃
전자 배치:	(Kr) $4d^5 5s^2$
발견:	1937년, C. 페리에와 E. 세그레

아서 코난 도일 경이 창조한 탐정 셜록 홈스는 이렇게 말한 적이 있다. "탐색이란 정밀과학이며, 또 그렇게 되어야만 한다." 하지만 43번 원소의 경우는 그렇게 쉽게 발견되지 않았다. 이 원소는 멘델레예프가 예측했던 4개의 '잃어버린 원소' 가운데 마지막으로 발견되었다.

찾아내기

스칸듐과 저마늄, 갈륨을 발견한 이후로 에카-망가니즈를 찾으려는 시도는 더욱 열기를 띠었다. 그러다가 그 존재가 예측된 지 거의 160년이 지난 1937년에야 팔레르모 대학교의 카를로 페리에(Carlo Perrier)와 에밀리오 세그레(Emilio Segre)가 마침내 찾아냈다.

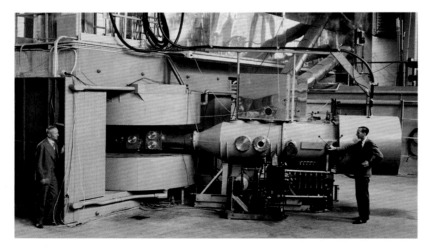

어니스트 로렌스(Ernest Lawrence)와 동료들은 버클리에 60인치짜리 사이클로트론 입자가속기를 만들었다. 이 기기는 테크네튬을 비롯한 무거운 방사성 원소들을 발견하는 데 기여했다.

가볍지만 불안정한 원소

43번 원소의 문제점은 이 원소가 주기율표에서 가장 가볍고 불안정하다는 점이었다. 이 원소에는 안정적인 핵을 가진 동위원소가 없다. 모든 동위원소가 상대적으로 짧은 시간 안에 붕괴한다. 그중에서 그나마 가장 안정적인 동위원소 ^{98}Tc은 420만 년마다 양이 반으로 줄어든다. 이렇듯 원래 양이 반으로 감소하는 데 걸리는 시간을 반감기라고 한다. 꽤 긴 시간 같지만 약 45억 년이라는 지구의 나이와 비교하면 짧은 편이다. 자기보다 무거운 우라늄이 붕괴할 때만 이 원소의 새로운 원자가 소량 만들어진다. 그래서 이 원소의 흔적을 찾는 데 시간이 많이 걸렸다.

입자가속기

1936년, 세그레는 캘리포니아 주 버클리에 설치한 사이클로트론이라는 입자가속기를 보려고 어니스트 로렌스를 방문했다(161쪽, '입자가속기' 참고). 세그레는 이 기계 안에서 입자를 힘차게 충돌시키면 뭔가 새로운 원소가 만들어지지 않을까 기대를 품었다. 세그레의 요청으로 로렌스는 43번보다 가벼운 42번 원소 몰리브데넘으로 만든 변류기 포일 샘플을 보냈다. 입자

물리학자인 세그레는 광물학자인 페리에와 팀을 꾸려 43번 원소의 동위원소 두 가지를 분리하는 데 가까스로 성공했다. 이 원소들은 기계에 의해 인공적으로 만들어진 만큼, '인공적'이라는 뜻을 지닌 그리스어 'technitos'에서 따와 테크네튬이라는 이름이 붙었다. 테크네튬은 오늘날 방사성 폐기물이 붕괴된 산물 속에서 가장 많이 만들어진다.

안을 들여다보기

테크네튬의 화학적 성질은 주기율표의 위아래에 자리한 레늄이나 망가니즈와 무척 비슷하다. 즉 다양한 원소들과 화합물을 형성할 수 있다. 그리고 이 원소는 방사능과 함께 의료 진단 도구로 다양하게 활용된다. 동위원소인 ^{99m}Tc은 반감기가 6시간밖에 되지 않으며 독특한 감마선 에너지를 방출한다. 이때 어떤 원소가 테크네튬 원자와 결합을 이뤘는지 살피면 이 원소가 어디에 흡수될지 알 수 있다. 이런 식으로 테크네튬은 사람들의 몸을 영상으로 드러내고 진단하는 데 도움을 준다. 의료 분야의 탐정이 되어 직접 조사를 펼치는 셈이다.

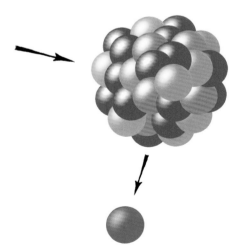

몸속에 들어가면 수명이 짧은 ^{99m}Tc 동위원소는 감마선을 방출한다. 이 감마선은 부드러운 조직을 통과하면서 몸의 자세한 내부 구조를 드러낸다.

루테늄

원자번호:	44
원자량:	101.07
존재 비율:	0.001mg/kg
반지름:	130pm
녹는점:	2334℃
끓는점:	4150℃
전자 배치:	(Kr) $4d^7 5s^1$
발견:	1844년, K. 클라우스

Ru
루테늄
44

루테늄이라는 이름은 러시아를 뜻하는 라틴어 'Ruthenia'에서 유래했다. 1844년에 러시아 카잔에서 일하던 카를 카를로비치 클라우스는 백금 광물 가운데서 이 원소를 발견했다. 루테늄은 매우 희귀한 원소이며 주기율표에서 서로 이웃한 금속과 성질이 비슷하다.

햇볕을 흡수하는 화합물

염화트리스(바이피리딘)루테늄(II)이라는 화합물은 간단히 루-비피라고도 불리는데, 햇볕을 쪼여도 안정적인 화합물이다. 이 화합물은 자외선과 가시광선을 폭넓게 흡수하는데, 그 과정에서 더 단순한 분자로 분해되지는 않는다. 태양 에너지 채취에 이 화합물을 활용하려는 연구도 많이 진행되고 있다.

골디락스 원소

1960년대로 들어서자 유기금속화학 분야가 활기를 띠었다(70쪽, '아연' 참고). 그리고 루테늄이 안정성과 반응성 사이에서 적당한 균형을 갖춘 유기금속 화합물을 형성한다는 사실이 밝혀졌다.

촉매가 되는 원소

생명체는 탄소 결합을 뼈대로 삼은 분자들로 이뤄지며, 이 탄소 결합이 분해되면서 새로운 유기물이 만들어진다. 이때 촉매가 사용된다. 예컨대 1992년에 미

루테늄 촉매는 약품 제작에 필수적이다.

국 화학자 밥 그럽스(Bob Grubbs)는 루테늄이 '복분해'라는 반응을 매개하는 무척 중요한 유기금속 촉매에 관여한다는 사실을 발견했다. 복분해란 두 종류의 화합물이 성분을 교환해 새로운 화합물 두 종류를 생성하는 반응이다.

이 촉매는 탄소 원자 사이의 이중결합을 분해했다가 다시 생성함으로써 원자 집단의 위치를 서로 바꾼다. 다른 백금족 촉매 역시 비슷한 일을 수행하지만, 상온에서 반응을 진행할 만큼 안정적으로 활용할 수 있는 것은 루테늄 촉매뿐이다. 이 촉매가 없다면 약품을 필요한 만큼 생산하지 못했을 것이다.

로듐

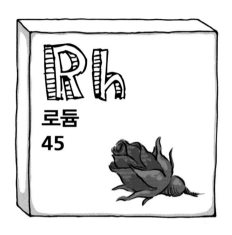

원자번호:	45
원자량:	102.9055
존재 비율:	0.001mg/kg
반지름:	135pm
녹는점:	1964℃
끓는점:	3695℃
전자 배치:	(Kr) 4d^8 5s^1
발견:	1804년, H. 월러스턴

주기율표에서 전이금속들 블록의 한가운데에 귀하고 값비싼 금속 여섯 가지가 자리 잡고 있다. 이들 금속은 물리적·화학적 성질이 비슷하다. 바로 루테늄, 로듐, 팔라듐, 오스뮴, 이리듐, 백금이다. 이 금속들을 통틀어 백금족이라고 부르는데, 백금이 제일 먼저 발견되었기 때문이다.

까다롭지만 도움 되네

이 원소들은 화학적으로 잘 반응하지 않는 까다롭고 귀한 금속들이다. 또한 다양한 화학 반응의 속도를 높이는 촉매이기도 하다.

백금족 원소들은 비슷한 화합물을 형성하기 때문에 광물 속에서 한꺼번에 발견되는 경우가 많다. 이 금속들을 서로 분리하는 것도 꽤 어려운 작업이다.

실제로 로듐은 발견 초기에 불순물 취급을 받았다. 그러다가 월러스턴이 새 원소인 팔라듐을 발견해 판매하기 시작한 이후로 로듐의 존재도 드러났다. 로듐은 선명한 붉은색 염을 만들어내는데, '장미색'이라

는 뜻의 그리스어 'rhodon'에서 이름을 따왔다.

의료 현장에서 쓰이는 원소

순수한 로듐 포일은 엑스선을 걸러내기 때문에 암, 특히 유방암 진단에 활용된다. 하지만 로듐은 금속 원소 상태로는 별다른 쓰임새가 없다. 로듐은 주로 백금과 합금해서 쓰인다. 백금선에 약간의 로듐을 더하면 1800℃까지 측정할 수 있는 안정적인 열전대가 된다. 열전대란 온도를 측정하기 위해 두 종류의 금속으로 만든 장치다.

안전장치

로듐-백금 합금은 자동차 배기관의 촉매 변환기 안에 들어간다. 이 금속은 산화질소가 질소와 산소로 분해되는 과정을 촉매한다. 산화질소는 대기로 들어가면서 물방울에 녹아 산을 이루며, 산성비의 성분이 된다.

심박조율기가 보이는 착색한 흉부 엑스선 사진. 심박조율기란 로듐-백금선을 통해 심장에 전기 자극을 주는 장치다.

팔라듐

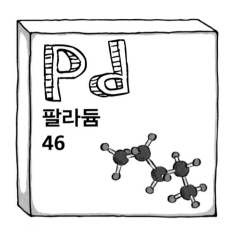

팔라듐
Pd
46

원자번호:	46
원자량:	106.42
존재 비율:	0.015mg/kg
반지름:	140pm
녹는점:	1555℃
끓는점:	2963℃
전자 배치:	(Kr) 4d^{10}
발견:	1803년, W. H. 월러스턴

어서 와서 환상적인 새 금속을 한번 구경해보시길! 윌리엄 하이드 월러스턴은 부지런한 화학자이자 물리학자였다. 1802년에 월러스턴은 광물을 가공하는 과정에서 금속을 조심스레 석출해 새로운 원소를 발견했다. 그리고 그 원소를 사업으로 연결해 돈을 벌기 시작했다.

멋진 이름

월러스턴은 매출을 높일 목적으로 당시 가장 최근에 발견된 행성 '팔라스'의 이름을 따서 '팔라듐'이라는 이름을 지었다. 그 무렵 '팔라스'라는 이름의 천체는 꽤나 사람들 입에 오르내렸다. 그러다 몇 년 뒤에 이 천체가 두 번째로 발견된 소행성이라는 사실이 알려졌는데, 월러스턴의 광고는 꽤 성공적이어서 이 '새로운 은'을 찾는 주문이 빗발쳤다. 어느 날 한 고객이 자기가 화학 실험을 한 결과 이것이 새로운 금속이 아니라고 주장하자 월러스턴은 이 원소를 얻었던 방법에 대한 논문을 쓰기에 이르렀다.

유도에 대한 연구

월러스턴은 여러 분야에 재능을 보인 과학자여서 전기, 광학, 생물학에서 선구적인 연구를 했다. 예컨대 움직이는 자기장이 근처의 금속 전선에 전기의 흐름을 유도한다는 전자기 유도 현상이 대표적이다. 월러

마이클 패러데이는 유도 코일을 만들었다. 그리고 월러스턴이 발견한 팔라듐과 다른 백금족 금속을 이용해 전기와 자기에 관한 획기적인 실험을 해나갔다.

스턴은 죽기 전에 팔라듐과 백금 샘플을 왕립학회에 남겼다. 그 덕분에 마이클 패러데이(Michael Faraday)가 이 금속들을 이용해 전기와 자기에 관한 획기적인 실험을 할 수 있었다. 하지만 패러데이는 그로부터 약 10년 뒤에 전자기 유도에 대한 글을 쓰면서 월러스턴이 똑같은 현상을 우연히 발견했다는 점을 언급하지 않았다. 오늘날 팔라듐은 유기화학에서 탄소-탄소 결합을 이루는 헤크 반응의 촉매로 활용된다.

원자번호:	47
원자량:	107.8682
존재 비율:	0.075mg/kg
반지름:	160pm
녹는점:	962℃
끓는점:	2162℃
전자 배치:	(Kr) $4d^{10}$ $5s^1$
발견:	기원전 5000년

은은 그렇게 반응성이 높지 않으며 자연에서 원소 상태로 발견되는 얼마 안 되는 금속 가운데 하나다. 이 원소는 고대부터 알려졌고 사용되었다. 사람들이 우연히 발견해 파냈기 때문이다. 은은 반응성이 낮은 데, d 오비탈이 꽉 차 있어서 전자를 공유하거나 교환하지 않으려 하기 때문이다.

전쟁에서 활약한 은

순수한 은에서는 d 오비탈의 전자가 여기저기 흩어져 있기 때문에 이 원소는 열과 전기를 잘 전달하는 도체 역할을 한다. 제2차 세계대전 중에 맨해튼 프로젝트에 참여한 과학자들은 미국 재무부에서 수천 톤의 은을 빌렸다. 그리고 은을 죽 늘여 전선이나 코일을 만들어 핵무기 속 우라늄을 강화하는 데 필수적인 강력한 전자석을 제작했다.

이미지 포착

은 화합물은 여러 세기 동안 사진 필름에 사용되었다. 이 화합물들은 감광성이 뛰어나 빛이 주어지면 분해되어 은 침전물이 되었다. 이렇게 침전된 은은 액체를 변화시키고 사진 이미지를 고정하는 화학 반응에서 촉매 역할을 했다. 또 이 화합물을 가열해도 역시 똑같은 분해 반응이 나타나며, 유리에 얇은 금속 막을 씌워 거울을 만들 수 있었다.

비를 내리게 하다

이오디라이트 광물에서 발견되는 아이오딘화은은 얼음과 결정 구조가 비슷하다. 이 성분은 비행기에 실려 매년 5만 kg이 구름에 뿌려지는데, 그러면 수증기가 얼기 시작한다. 이 얼음은 결국 녹아 비가 되어 가뭄에 시달리는 농장을 적셔준다.

이 성분은 인체에 해롭지 않다고 알려져 있으며, EU에서는 E174번 첨가제로 식품에 색을 입히는 데 사용하기까지 한다.

오늘날 우리가 매일 사용하는 물건 상당수에 은이 들어 있다. 은은 세균과 접촉하면 살균 작용을 한다.

카드뮴

원자번호:	48
원자량:	112.414
존재 비율:	0.159mg/kg
반지름:	155pm
녹는점:	321℃
끓는점:	767℃
전자 배치:	(Kr) 4d^{10} 5s^2
발견:	1817년, 헤르만, 스트로메이어, 롤로프

카드뮴의 화학적 성질은 더 무거운 형제 원소인 수은과 무척 비슷하다. 카드뮴과 수은은 둘 다 독성이 무척 강하다.

이타이이타이병의 주범

카드뮴은 뼈에 저장된 칼슘을 빠져나가게 하므로, 카드뮴이 몸으로 들어오면 뼈에 구멍이 생기고 뼈가 무척 약해진다. 1912년경에 일본 도야마 현 주민들은 카드뮴염으로 오염된 쌀을 먹고 이런 증세에 시달렸다. 이 지역 주민들은 관절과 척추에 엄청난 고통을 느껴 이 병을 '이타이이타이'병이라고 했다. '아프다, 아프다'라는 뜻이다. 하지만 카드뮴 중독 증세는 드문데, 이는 우리 몸의 효과적인 방어를 무너뜨릴 만큼 카드뮴 농도가 무척 높아야 하기 때문이다.

따뜻한 색깔

황화카드뮴이 내는 밝은 주황색은 플라스틱이나 유약에 색을 들이는 데 사용한다. 황화카드뮴 성분으로 지하의 가스관에 색을 입히는 경우가 많은데, 카드뮴이 풍화로부터 가스관을 지키는 역할도 하기 때문이다. 화가들은 선명하고 안정적인 붉은색, 노란색, 주황색을 내는 데 카드뮴염을 사용했다.

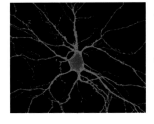

푸른빛을 띤 자외선 카드뮴 레이저는 형광 단백질 안의 원자들을 흥분시켜, 쥐의 뇌에서 나온 중성자가 빛을 내게 한다.

양자 컴퓨터

셀렌화카드뮴과 황화카드뮴은 1세대 퀀텀닷 컴퓨터를 만드는 데 사용된다. 또한 카드뮴은 레이저 자체를 만드는 데도 활용된다. 흔한 헬륨 카드뮴 레이저는 형광 현미경에 사용되는 푸른빛을 띤 강력한 자외선을 만들어낸다.

원자력 발전소 줄이기

카드뮴 금속의 경우, 전자의 화학적 성질이 아니라 핵의 움직임에 따른 쓰임새도 발견됐다. 은의 핵이 함께 존재하는 환경에서 카드뮴 핵은 중성자를 흡수하는 데 효과적이었던 것이다. 이 성질은 제멋대로 붕괴할 예정인 핵연료를 조절하는 데 필수적으로 필요하다.

하프늄

원자번호:	72
원자량:	178.49
존재 비율:	3mg/kg
반지름:	155pm
녹는점:	2233℃
끓는점:	4603℃
전자 배치:	(Xe) $4f^{14} 5d^2 6s^2$
발견:	1923년, D. 코스터, C. 데 헤베시

Hf
하프늄
72

초기의 주기율표는 원소들을 원자량 순서로 배열했다. 원자량은 양성자, 전자, 중성자의 전체 질량을 측정하는 수단이었다. 하지만 두 번째 주기율표에서 멘델레예프는 원소들의 순서를 바꿔 화학적·물리적 성질이 비슷한 원소끼리 더 가까이 묶이도록 고쳤다.

멘델레예프는 코발트와 니켈의 원자량이 거의 같았지만 주기율표에서 코발트를 니켈보다 앞에 배치했다. 또한 텔루륨이 아이오딘보다 원자량이 컸지만 텔루륨을 더 앞에 배치했다. 이것은 단순히 원자량 말고도 원소들의 순서를 결정짓는 근본적인 법칙을 아직 발견하지 못했다는 암시를 주었다.

새로운 원소를 예상하다

1913년에 영국의 헨리 모즐리(Henry Moseley)는 주기율표상 각 원소의 위치와 그 원소들이 흡수한 엑스선의 파장 사이에 일정한 관계가 있다는 사실을 알아챘다. 이 관계성을 토대로 모즐리는 주기율표에 빠져

꽤 많은 원소가 덴마크의 코펜하겐에서 발견되었다. 코펜하겐에서 이름을 따온 원소는 하프늄뿐이다.

있는 43번, 61번, 72번, 75번 원소의 존재를 예측했다. 그리고 알루미늄에서 금까지는 또 다른 틈새가 존재하지 않는다고 주장했다.

그중에서 72번 원소는 덴마크 코펜하겐을 가리키는 라틴어 이름 'Hafnia'에서 이름을 따왔다. 이 원소는 1922년에 조르주 샤를 드 헤베시(George Charles de Hevesy)와 디르크 코스테르(Dirk Coster)가 처음으로 분리했다. 이 원소는 다른 희귀 원소와 비슷한 빈도로 발견되었지만, 분리 과정은 원자량이 비슷한 지르코늄과 마찬가지로 무척 어렵다.

무척 필수적인 원소

값비싼 하프늄은 중성자 흡수에 사용된다. 하프늄 막대는 원자로 안에서 방사성 붕괴의 연쇄 반응을 조절하는 데 쓰인다. 이 원소는 잠수함처럼 수압이 높은 곳의 원자로에서 카드뮴 대신 사용할 수 있다. 탄소와 텅스텐, 하프늄(텅스텐–탄화하프늄)의 혼합물은 화학 물질 중 녹는점이 가장 높아서 약 4125℃나 된다.

탄탈럼

원자번호:	73
원자량:	180.9479
존재 비율:	2mg/kg
반지름:	145pm
녹는점:	3017℃
끓는점:	5458℃
전자 배치:	(Xe) $4f^{14} 5d^3 6s^2$
발견:	1802년, G. 에케베리

그리스 신화에서 탄탈로스 왕은 신들의 비밀을 훔친 죄로 벌을 받는다. 벌은 물웅덩이에 들어간 채 과일이 낮게 달린 나무 아래 서는 것이었다. 과일을 따 먹으려고 손을 뻗거나 물을 마시려고 몸을 구부릴 때마다 과일과 물은 탄탈로스 왕에게서 멀어졌다.

자극을 받아도 안정적인

스웨덴의 화학자 안데르스 에케베리(Anders Ekeberg)는 1802년에 산과 반응하지 않는 새로운 금속을 발견하고는 이 금속의 이름을 탄탈럼이라고 지었다. 탄탈럼은 비활성 방사능 이성질체를 갖는 유일한 원소이기도 했다. 탄탈럼-180은 방사능을 띤 동위원소이지만 자극을 받은 상태에서도 완전히 안정적이다. 이 원소에 에너지를 공급하면 붕괴가 이뤄지는 가운데 그 에너지를 잃는 대신, 마치 선반에 올라간 채 떨어지지 않는 것처럼 보인다.

트랜지스터, 탄탈럼의 위장

휴대폰 같은 전자기기가 계속 소형화될 수 있었던 것은 축전기라는 부품에 탄탈럼을 썼기 때문이다. 이 기술이 없었다면 우리는 손 안에 쏙 들어오는 스마트폰 대신 아직도 1990년대에 쓰였던 벽돌 크기의 휴대폰을 들고 다녔을 것이다. 휴대폰 한 대에 들어 있는 탄탈럼은 40mg에 지나지 않지만, 매년 전자기기를 만

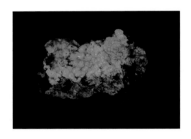

탄탈석 속의 탄탈럼 원자들은 자외선 아래 놓일 때 형광을 낸다.

드는 데 사용되는 양을 모두 더하면 180만 kg이나 된다.

정치적으로 불안정한 원산지

전 세계에 공급되는 탄탈럼의 상당 부분은 컬럼바이트-탄탈석이라는 광물에서 나오는데, 이 광물은 콩고민주공화국에서 많이 난다. 하지만 이 광물을 비롯한 희토류 금속을 판매해서 얻은 수익은 콩고에서 길게 이어지는 내전의 양쪽 편으로 유입된다. 인권 단체와 유엔은 내전을 부추길 수 있다며 콩고의 광물을 사들이는 국가들을 비난하고 있다.

텅스텐

원자번호:	74
원자량:	183.84
존재 비율:	1.3mg/kg
반지름:	135pm
녹는점:	3422℃
끓는점:	5555℃
전자 배치:	(Xe) $4f^{14}$ $5d^4$ $6s^2$
발견:	1783년, J. 호세, F. 엘야르

74번 원소는 그 이름을 둘러싸고 논쟁이 길게 이어졌다.

1781년에 스웨덴 화학자 칼 빌헬름 셸레(Carl Wilhelm Scheele)는 '텅스텐'이라는 이름이 붙은 광물에서 새로운 원소를 담은 산성 물질이 만들어진다는 사실을 알아냈다. 텅스텐은 '무거운 돌'이라는 뜻이다. 그로부터 2년이 지나 스페인의 후안 엘야르와 파우스토 엘야르 형제는 철망가니즈중석(wolframite)에서 형성된 산성 물질에서 이 금속을 분리하는 데 성공하고는 이 원소에 볼프람(wolfram)이라는 이름을 붙였다. 영어권 화학자들은 '텅스텐'이라는 이름을 널리 사용하던 상황이었다.

IUPAC는 텅스텐이라는 이름을 더 선호했고,

텅스텐은 밀도가 금과 비슷하지만 값이 훨씬 싸서 범죄자들이 금괴라고 속여 파는 데 활용되었다. 텅스텐을 금으로 도금했던 것이다.

2005년에 이 74번 원소의 국제적인 명칭을 텅스텐으로 확정했다. 단, 원소 기호는 볼프람의 앞 글자를 따서 W로 정했다.

가장 뜨거운 원소
텅스텐은 억센 원소이며 최고 끓는점이 5930℃에 이른다. 모든 금속 전선은 본래 전기의 흐름에 저항하므로 그에 따라 열이 생성되는데, 처음에는 붉은색으로 타오르다가 이어 주황색, 노란색으로 변하고 충분히 뜨거워지면 흰색을 띤다. 전통적으로 전구의 필라멘트로 사용되었던 텅스텐 전선이 흰색을 띤다. 이때 할로젠 기체에 둘러싸이면 텅스텐은 더욱 뜨거워지고 강렬한 빛을 뿜는다. 이제, 이런 전구는 고급 자동차 전조등에 사용된다.

튼튼하고 색깔이 화려한
텅스텐 금속을 탄소 원자와 혼합한 탄화텅스텐은 튼튼해서 볼펜 촉에 흔히 사용된다. 또 산화텅스텐은 전기장 안에서 색깔을 바꾸는 성질이 있어서 스마트 디스플레이 기기나 유리 제품에 활용된다.

레늄

원자번호:	75
원자량:	186.207
존재 비율:	7×10^{-4} mg/kg
반지름:	135pm
녹는점:	3186℃
끓는점:	5596℃
전자 배치:	(Xe) $4f^{14}$ $5d^5$ $6s^2$
발견:	1925년, 노다크, 타케, 베르크

1925년에 독일의 발터 노다크(Walter Noddack), 이다 타케(Ida Tacke), 오토 베르크(Otto Berg)가 발견한 레늄 원소는 공식적으로 알려진 원소 가운데 안정성을 띤 마지막 원소다. 세 사람은 몰리브데넘광(휘수연석) 약 660kg을 처리해 레늄 원소 1g을 겨우 발견했고, 근처 라인 강 이름을 따서 '레늄'이라고 지었다. 오늘날 이 원소는 몰리브데넘과 구리를 정련하는 과정에서 더욱 효율적으로 추출되지만 그래도 희귀하고 값비싸다.

희귀 원소인 레늄은 엄청난 양의 몰리브데넘광을 처리해야 겨우 얻을 수 있다.

발견과 오해

1908년에 일본의 화학자 오가와 마사타카(小川正孝)는 오늘날 테크네튬이라 불리는 43번 원소를 발견했다고 잘못 주장해 신망을 잃었다. 하지만 2004년에 발표한 연구 결과에 따르면 사실 마사타카가 분리한 원소는 레늄이었다. 오늘날까지 아시아 대륙에서 발견되었다고 공인된 원소는 113번 원소뿐이다.

여기저기서 사용되는

레늄은 주기율표에서 전이원소 블록의 한가운데에 자리하기 때문에 −3에서 +7까지 다양한 산화 상태를 가진다. 그래서 레늄은 훌륭한 촉매가 될 수 있는데, 예컨대 천연가스를 옥탄가가 높은 자동차 연료로 바꿀 때 사용된다. 또 태양전지에서 빛을 포착하거나 물을 수소, 산소로 쪼개어 연료로 활용하는 반응 등도 연구하는 중이다.

단결정 제트 엔진

니켈이 금속 레늄과 합금되면 강도가 높아지며, 제트 엔진의 터빈 날개를 만들기 위한 금속의 단결정이 증가한다. 연료가 폭발하며 터빈이 도는데, 이런 터빈은 고온과 기계적 스트레스에도 변형되지 않는다.

오스뮴

오스뮴
76

원자번호:	76
원자량:	190.23
존재 비율:	0.002mg/kg
반지름:	130pm
녹는점:	3033℃
끓는점:	5012℃
전자 배치:	(Xe) $4f^{14}\ 5d^6\ 6s^2$
발견:	1803년, S. 테넌트

영국의 화학자 스미슨 테넌트가 1803년에 발견한 오스뮴은 잠깐 유명해졌지만, 테넌트가 연이어 이리듐을 발견하면서 관심 밖으로 밀려났다. 테넌트는 이리듐 원소가 보이는 무지개 색 광채를 좋아했지만 오스뮴은 '코를 찌르는 지독한 냄새'가 난다며 '가장 역겨운 성질'을 가졌다고 묘사했다.

악취

오스뮴이라는 이름은 그리스어로 악취를 뜻하는 단어 'osme'에서 왔다. 이 원소에서 나오는 냄새는 안정적이며 쉽게 증발되는 사산화오스뮴(OsO_4) 때문이다. 이 화합물은 탄소의 이중결합에 들러붙는 특이한 성질이 있어서, 전문가용 현미경과 지문 감식에서 생체 염료로 활용된다. 하지만 이 화합물을 사용할 때는 무척 조심해야 한다. 눈에 들어가면 망막에 착색되어 실명을 일으킬 수 있기 때문이다.

밀도가 가장 높은 금속

1990년대에 오스뮴 연구가 깊이 이뤄진 결과 이 원소는 밀도가 가장 높은 원소가 아니었다는 사실이 드러났다. 실제로 밀도가 가장 높은 원소는 이리듐이었다. 그래도 오스뮴은 밀도가 높고 튼튼해서 다른 백금족 금속들과 다양한 형태로 합금을 이룬다. 그에 따라 이 금속은 만년필촉이나 초창기 레코드판 턴테이블의 바늘에 사용되었다. 또 오스뮴은 끓는점이 높아서 잠시 텅스텐 대신 전구의 필라멘트로 쓰이기도 했다. 독일의 조명 회사 오스람의 회사 이름도 이런 초기의 쓰임새를 반영해 오스뮴과 볼프람(텅스텐)을 합쳐 지은 이름이었다. 오늘날 정제되어 사용되는 오스뮴은 연간 100kg 미만이다.

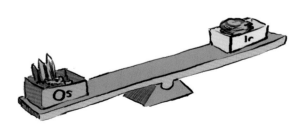

1990년대까지만 해도 오스뮴은 밀도가 가장 높은 전이금속으로 알려져 있었다. 지금은 이리듐이 그 주인공이지만 말이다.

이리듐
무지개보다 귀한 원소

원자번호:	77
원자량:	192.217
존재 비율:	0.001mg/kg
반지름:	135pm
녹는점:	2446℃
끓는점:	4428℃
전자 배치:	(Xe) $4f^{14}$ $5d^7$ $6s^2$
발견:	1803년, S. 테넌트

1803년에 영국의 스미슨 테넌트는 백금의 용해되지 않는 불순물에서 77번 원소를 발견했다.
보는 각도마다 무지개 색으로 색깔이 바뀌는 잠자리 날개처럼 이 염 화합물은 색이 다채롭고 선명했다.

테넌트는 그리스 신화의 무지개 여신 이리스(Iris)의 이름을 따서 이 원소를 '이리듐'이라 불렀다. 다른 전이원소들이 그렇듯 이리듐 금속 역시 산화 상태가 다양했다.

지구로 다시 돌아온

이리듐은 지각에서 가장 희귀한 원소이며, 지구가 젊고 녹아 있는 상태였을 때 다른 중금속과 함께 철로 이뤄진 핵 속으로 가라앉았다. 이리듐은 외계에서 온 소행성이나 운석에서 많이 발견되며, 어딘가에 이리

전 세계적에서 볼 수 있는 이리듐 층은 엄청나게 큰 운석이 6600만 년 전에 지구에 떨어졌다는 사실을 암시한다. 이 충돌 때문에 공룡이 멸종되었을 가능성이 있다.

이리듐 금속은
점화 플러그의 끄트머리라는
가혹한 조건을 견딜 만큼
튼튼하다.

듐이 풍부하게 쌓여 있다는 것은 그곳이 소행성과 충돌했다는 확실한 증거가 된다.

1980년대에 루이스 앨버레즈(Luis Alvarez)와 그의 아들 월터, 헬렌 미셸(Helen Michel), 프랭크 아사로(Frank Asaro)는 퇴적암에서 이 원소가 다량 몰려 있는 얇은 층을 발견했다. 그리고 이탈리아에서는 이리듐의 원래 농도보다 30배, 덴마크 질란드 섬에서는 160배 더 많은 암석층이 발견되었다. 오늘날에는 이런 지질학적인 층을 백악기 고제삼기 경계라고 부르는데, 약 6600만 년 전이라는 지구 역사의 짧은 기간을 규정하는 층이다. 연구자들은 이 층이 거대한 운석이 기화하면서 형성되었다는 가설을 세웠다.

공룡에게 찾아온 재난

소행성 충돌로 수 톤에 달하는 먼지와 잔해가 대기권 상층을 덮었고 햇빛을 가렸다. 이 먼지가 가라앉는 데는 꽤 시간이 필요했기 때문에 그러는 동안 햇빛을 받지 못한 많은 식물과 동물이 죽었다. 공룡처럼 덩치 큰 동물들이 멸종한 것도 이때일 것이다. 이런 연구를 진행한 아버지와 아들의 성을 따서 이 이론을 '앨버레즈 가설'이라고 부른다. 이리듐 층은 운석 충돌이 대멸종을 이끌었다는 가장 설득력 있는 증거다.

쉽게 닳지 않는 원소

이리듐은 부식에 가장 강한 금속으로 알려져 매년 6톤 정도가 여기저기에 사용된다. 다만 값이 꽤 비싼 탓에 적은 양만 사용되거나 다른 금속과 합금을 하는 식으로 쓰인다. 연소 기관에서 연료에 불을 붙일 때, 점화 플러그의 전기 접촉에서 오는 기계적 충격이나 열 충격을 견디는 원소는 이리듐뿐이다.

또 이 금속은 뭔가를 측정할 때도 쓰인다. 거리를 재려 할 때 눈금이 표시된 자의 모양이 바뀌지 않는 것이 무엇보다 중요할 것이다. 1미터를 나타내는 표준은 1889년에 만들어졌고, 1960년에는 이 표준들의 비교가 이뤄졌다. 표준적인 1미터는 프랑스 파리의 한 금고에 밀봉해 보관된 금속 막대기의 길이로 정의되는데, 이 막대기는 백금 90%에 이리듐 금속 10%를 섞어 변형되지 않게 만들어졌다.

또 이리듐은 녹는점이 높아 도가니를 만드는 데 쓰이는데, 이 도가니는 액체 상태로 녹은 규소의 온도를 견딜 수 있다. 규소는 도가니 안에서 천천히 식으면서 커다란 결정을 이루는데, 이 결정은 전자 산업에서 필수적이다(104쪽, '규소' 참고).

핵 탐지하기

이리듐 원자는 뫼스바우어 효과를 증명하는 첫 번째 사례다. 이 원자는 감마선을 흡수하거나 방출할 때도 그 반동 작용으로 에너지를 잃지 않는다. 이 모습을 보고 화학자들은 핵 속의 양성자와 중성자의 에너지 준위를 결정할 수 있었다.

백금

원자번호:	78
원자량:	195.084
존재 비율:	0.005mg/kg
반지름:	135pm
녹는점:	1768℃
끓는점:	3825℃
전자 배치:	(Xe) 4f^{14} 5d^9 6s^1
발견:	1735년, A. 데 울로아

Pt
백금
78

16세기에 스페인 정복자들은 온통 금을 찾는 데 혈안이었다. 하지만 실망스럽게도 사금을 가려내는 과정에서 금 대신 하얀색 금속만 잔뜩 나왔다. 스페인 사람들은 이 금속이 아직 금이 덜 된 원소라 여기고 완전히 숙성하도록 다시 강에 던졌다.

스페인 정복자들은 이 하얀색 금속을 은보다 못한 것으로 여겨 'platina(은보다 못한)'라는 이름을 붙였다. 이 단어에서 78번 원소의 이름이 비롯했다. 당시에는 이 하얀색 금속이 금보다 훨씬 드물고 귀하다는 사실을 아무도 눈치 채지 못했다.

안정적인 원소
백금은 화학적·물리적으로 무척 안정적인 금속이다.

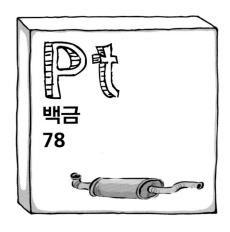

스페인 정복자들은 백금보다 금이 훨씬 귀하다고 여겼다.

화학적 공격을 가장 잘 견디는 금속이기도 해서 농도가 높은 질산이나 염산에만 녹을 뿐이다. 이런 특성 덕분에 백금은 의료기기나 보철물, 부식되지 않는 실험용 용기나 전기접점에 쓰인다.

백금은 녹는점이 무척 높아서 특정 모양을 만들거나 거푸집에 넣어 주조하기가 매우 어렵다. 이렇듯 정제하거나 다루는 것이 어려워 프랑스의 루이 16세는 백금을 왕에게 걸맞은 금속이라고 말했을 정도였다.

과거, 현재, 미래의 자동차
백금은 화학 반응을 촉매하는 능력이 뛰어나 산업용으로 널리 활용된다. 오늘날 백금은 자동차의 촉매 변환기에 가장 많이 쓰인다. 인체에 독성이 있는 일산화탄소를 이산화탄소로 바꾸는 장치다.

수소자동차에도 백금은 중요한 역할을 한다. 물을 산소와 수소로 분해해 수소를 연료로 쓰는 데 촉매가 되기 때문이다. 이처럼 백금은 희귀하고 쓰임새가 많아서 금보다 훨씬 귀중하다.

금

원자번호:	79
원자량:	196.9666
존재 비율:	0.004mg/kg
반지름:	135pm
녹는점:	1064℃
끓는점:	2856℃
전자 배치:	(Xe) $4f^{14}\ 5d^{10}\ 6s^1$
발견:	기원전 6000년

만약 여러분이 운이 좋다면 들판을 걷다 금덩어리에 발부리가 채일지도 모른다. 금은 화학 반응성이 거의 없어서 화합물을 형성하지 않으며 저절로 다른 금속과 합금을 이루는 일도 거의 없다.

커다란 덩어리

지금까지 발견된 금덩어리 가운데 가장 큰 것은 1869년 오스트레일리아 빅토리아 주에서 발견된 '웰컴 스트레인저'로, 무게가 71kg이다. 매년 얼마나 많은 금이 채굴되는지는 채굴업자들이 비밀에 붙이기 때문에 알기 힘들다. 가장 큰 금 보관소는 미국 뉴욕의 연방 준비은행인데, 미국뿐만 아니라 19개 여러 국가가 이곳 금의 소유자다.

부드러운 금화

금은 전이금속 중 가장 쉽게 펴 늘일 수 있으며 강철 칼로도 자를 수 있을 만큼 부드럽다. 예전에 해적들은 금화가 맞는지 확인하려고 이로 금화를 깨물었다. 금은 원자 수십 개 두께 정도로 얇게 펴지기 때문에 건물에서 음식까지 모든 것을 장식할 수 있다. 또 모든 금속이 그렇듯 전자가 여기저기로 옮겨 갈 수 있어서 약간의 원자만 있어도 금속에 빛이 난다.

아인슈타인의 상대성 이론에 따르면 금 안의 전자 궤도 에너지가 바뀌면서 푸른빛을 흡수해 노란색을 띠게 된다.

아인슈타인의 색깔

금이 노란색으로 빛나는 것은 아인슈타인의 특수상대성 이론과 관련 있다. 금 원자의 내부 전자들은 서로 단단히 결속되어 있어서 빛의 속도에 가깝게 움직일 수 있다. 빠른 속도로 움직이면 전자가 갖는 거리 인식이 바뀐다. 전자 궤도가 가진 에너지는 핵까지의 거리에 따라 달라지며, 이에 따라 전자껍질의 에너지가 바뀐다. 이렇듯 에너지가 변화하므로 금의 바깥쪽 오비탈인 5s와 6d의 전자는 다른 금속에 비해 푸른빛을 더 많이 흡수한다. 그러면 이 금속은 붉은빛과 초록빛을 같이 반사하면서 전체적으로 노란빛을 띤다.

수은
유독성 액체

원자번호:	80
원자량:	200.592
존재 비율:	0.085mg/kg
반지름:	150pm
녹는점:	−39℃
끓는점:	357℃
전자 배치:	(Xe) $4f^{14}\ 5d^{10}\ 6s^2$
발견:	기원전 2000년

80번 원소 수은은 상온에서 액체 상태인 유일한 금속이기 때문에 3000년 동안 사람들의 눈길을 사로잡았다. 고대 그리스 사람들은 이 원소를 'hydragyrun'이라 불렀는데, '액체 은'이라는 뜻이다.

염을 내뿜는

수은이 액체인 이유는 원자의 결합이 약해서인데, 서로 거리가 먼 데다 d 오비탈에 전자가 꽉 차 있기 때문이다. 하지만 다른 모든 전이금속과 마찬가지로 한 가운데의 금속 이온을 둘러싸고 이 전자들이 흩어져서 바다를 이루며, 전류가 흐르면서 이리저리 이동한다. 수은은 염화나트륨(NaCl)의 전기분해 과정에서 전극으로 사용된다. 이 과정에서 나트륨 금속은 음극인 수은과 결합해 형성되며 염소 기체도 나온다. 이때 대부분의 나트륨은 물과 반응하면서 수산화나트륨(NaOH)을 만드는 데 사용되고, 수소 기체(H_2)도 부산물로 형성된다.

수은 온도계

다른 금속과 마찬가지로 수은은 열을 받으면 팽창하는데, 이런 성질을 이용해 온도계로 활용할 수 있다.

수은 화합물은 여러 재료를 처리하는 데 쓰였기 때문에 모자 제조공들은 부작용으로 정신 이상을 일으키기도 했다.

온도가 높아지면 수은이 팽창하면서 온도계의 눈금도 올라간다. 하지만 수은은 독성이 강해 염색 알코올을 사용한 온도계로 빠르게 교체되었다.

수은은 여전히 국제 온도 표준에 사용된다. 수은의 3중점(물질이 고체, 액체, 기체 상태로 동시에 존재할 수 있는 특정 온도와 압력)은 보통의 대기압보다 5000만 배 낮고 온도는 −38.83440℃여서, 전 세계적으로 온도를 측정하는 데 쓰인다.

수은과 인류

수은은 매혹적인 만큼 치명적이기도 하다. 1g 분량으로도 사람을 죽일 수 있다. 수은은 직접 노출되기도 하지만 유기금속 화합물을 통해 우리 몸속으로 들어오는 경우가 많다. 물속에 사는 세균 가운데 일부는 연쇄 화학 반응으로 에너지를 얻는데, 그 과정에서 수은이 만들어지기도 한다. 하지만 수은이 발생하는 가장 큰 원천은 사람들이 제공한다. 화석연료를(소량의 수은을 포함한) 태우거나 채굴하는 과정에서 수은이 발생하기 때문이다.

이런 화합물 속 분자의 상당수는 지방에 녹기 때문에, 이 지방을 먹으면 동물의 몸속에 수은이 쌓일 수 있다. 세균이나 식물의 몸에 들어간 소량의 수은만으로도 물고기의 몸속에 빠르게 쌓인다. 참치 같은 물고기들은 이런 조그만 물고기들을 잡아먹기 때문에 체내 수은 농도가 올라간다. 이런 생물농축 과정에서 몇몇 포식자 물고기들은 몸속에 치명적인 수준의 수은이 쌓인다. 산업 현장에서 수은이 노출됨에 따라 이렇게 몸속에 금속이 쌓인 물고기들이 생겼고, 많은 사람이 그걸 먹고 목숨을 잃었다.

광인들

수은 화합물이 식품으로만 흡수되는 것은 아니다. 피부를 통해서도 상당히 흡수된다. 이런 사실이 밝혀지면서 수은을 사용하는 일이 눈에 띄게 줄었고 질산제이수은을 더 이상 사용하지 않게 되었다. 예컨대 고급 모자를 만드는 과정에서 펠트와 모피를 처리할 때 이 화학물질을 사용하지 않는다. 질산제이수은은 그

동안 모자 제작공들을 중독시켰고, 그에 따라 환각을 비롯해 여러 뇌 질환을 일으켰다. 또 로마인들은 수은 화합물을 화장품에 사용했는데, 그 부위가 흉해지는 일이 자주 일어났다.

한 번 더 사용하자

2012년에 유럽연합은 기존의 전구를 에너지 절약형 형광 전구로 바꾸자고 촉구했고, 필요한 수은을 공급하기 위해 폐쇄했던 광산을 다시 열었다. 이 전구 속에서 전류는 수은을 자극해 증기 상태가 되어 자외선을 방출하도록 한다. 그러면 전구 내부에 코팅된 인이 자외선을 흡수하고 가시광선을 밖으로 내보낸다. 하지만 안에 든 수은 때문에, 대다수 국가에서 다 쓴 전구는 위험 폐기물로 분류된다.

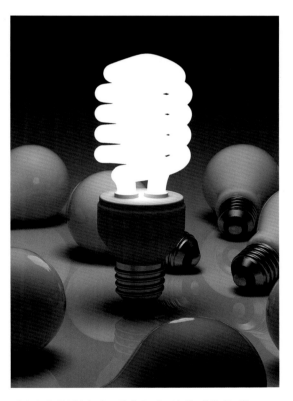

에너지 절약형 형광 전구 안에 흐르는 전기는 수은 증기를 자극시킨다. 이 과정에서 자연 그대로의 빛 스펙트럼이 방출된다.

전이후금속

이 금속들은 주기율표에서 13~15족에 걸쳐 있다. 전자 배치와 원자의 크기 때문에 이 금속들은 삼각형으로 대각선을 타고 내려가며 같은 부류로 묶인다.

부드러운 원소들

전이금속과 준금속 사이에 샌드위치처럼 끼인 전이후금속은 비슷한 특징을 공유한다. 대부분 강도가 약하고 부드러우며, 이런 특성을 개선하기 위해 전이금속과 합금을 이루는 경우가 많다. 그중에서 가장 가벼운 원소인 알루미늄은 강도가 약하지만 무게에 비해 강도가 센 편이어서 기본 형태로 쓸모가 많다.

반응

전이후금속은 일반적으로 화학 반응을 잘 일으키지 않는다. 그래서 다른 금속과 합금하거나 그 위에 덧씌워 화학적 비반응성을 더해준다. 이렇듯 이 금속들이 비활성 반응을 보이는 이유는 비활성기체와 멀리 떨어져 있어 완벽하게 안정적인 상태가 되려면 많은 전자를 잃거나 얻어야 하기 때문이다. 또한 이 원소들은 개별 원자들이 고립된 것처럼 움직이면서 전이금속보다 녹는점이 낮다.

알루미늄은 d 오비탈에 전자가 없어서 다른 금속보다 반응성이 높다. 비활성기체와 같은 전자 배치를 이루려면, 전자를 공유할 수 있다고 할 때 주기율표에서 세 칸만 더 옆으로 가면 되기 때문이다.

전도체보다 공유결합으로

전이후금속의 결정체 구조는 금속과 비금속의 경계에 가깝기 때문에, 공유결합을 통해 원자 사이에 전자들의 공유가 일어나는 경우가 종종 생긴다. 이것은 전이금속에서 나타나는 이온의 비편재화(다른 위치로 옮기는 것) 현상과는 몹시 다르며, 그에 따라 대체로 전기의 전도성이 떨어진다.

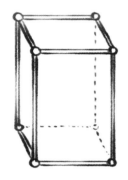

전이후금속은 서로 다른 동소체 구조를 이루며 금속보다는 비금속에 가깝게 움직인다. 예컨대 금속성의 흰색 주석(위)과 비금속성 회색 주석(아래)으로 바뀐다.

알루미늄

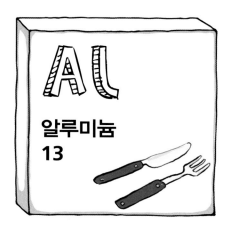

원자번호:	13
원자량:	26.9815
존재 비율:	82300mg/kg
반지름:	125pm
녹는점:	660℃
끓는점:	2519℃
전자 배치:	(Ne) $3s^2\ 3p^1$
발견:	1925년, H. C. 외르스테드

알루미늄은 지각에서 가장 풍부한 원소여서 어디든 존재한다. 1825년 처음 순수한 금속 형태로 추출되었다.

귀한 금속

알루미늄은 산소 원자에 잘 부착된 규산염 진흙에서 주로 발견된다. 완벽한 전기분해 과정을 통해(42쪽, '칼륨' 참고) 화합물에서 알루미늄을 분리할 수 있다. 1825년, 덴마크의 화학자 한스 크리스티안 외르스테드(Hans Christian Oersted)가 이 작업을 해냈는데, 그는 '이 반응 결과 색깔과 광택이 주석과 비슷한 금속 덩어리가 생겼다'라고 덤덤하게 설명했다. 19세기 중반에는 이 금속을 무척 귀하게 여겼다. 1855년 파리 만국박람회 때 알루미늄 막대기가 보석 왕관 옆에 놓일 정도였고, 나폴레옹 3세는 귀한 손님은 알루미늄 식기로, 그보다 덜 귀한 손님은 금 식기로 대접했다.

미국식 영어

영국인 험프리 데이비는 이 원소를 원료 화합물인 백반(alum)의 이름 그대로 'alum'이라고 불렀다. IUPAC가 원소 이름 뒤에 '–ium'이라는 접미사를 붙이기로 표준 방침을 세우자, 이 원소의 이름은 'aluminium'이되었다. 그런데 1925년에 미국 화학협회는 원래 이름을 되살리기로 했고, 그래서 역설적이지만 미국인은 영국인 데이비가 지은 이름을 사용한다.

보호막과 시중들기

이 금속은 공기와 반응하지 않아서 텔레비전 안테나부터 식품 포장에 이르기까지 거의 모든 곳에 사용된다. 알루미늄에 어떤 금속을 합금하면 그 금속의 강도를 유지하면서 가볍게 만들 수 있다. 이렇듯 알루미늄은 재료의 무게를 줄이기 때문에 거대한 비행기를 하늘에 띄우고, 보다 적은 연료로도 탈것이 빨리 움직이도록 해준다.

프랑스의 나폴레옹 3세는 자기를 비롯해 가장 귀한 손님들만 알루미늄 식기를 쓰게 했다.

갈륨

갈륨
31

원자번호:	31
원자량:	69.723
존재 비율:	19mg/kg
반지름:	130pm
녹는점:	30℃
끓는점:	2229℃
전자 배치:	(Ar) $3d^{10}$ $4s^2$ $4p^1$
발견:	1875년, P. E. L. 드 부아보드랑

멘델레예프는 31번 원소의 존재를 예견하면서 이 원소를 에카-알루미늄이라 불렀다. 그로부터
6년 지나 프랑스의 화학자 폴-에밀 르코크 드 부아보드랑은 독특한 보라색 스펙트럼선을 방출하는
이 원소를 발견했다.

부아보드랑은 450kg의 광물을 처리해 겨우 600mg의
갈륨을 얻었다. 그 장소가 프랑스의 과학 아카데미였
기 때문에 프랑스를 뜻하는 라틴어 단어 'Gallia'에서
따와 이름을 갈륨이라 지었다. 하지만 몇몇 사람들은
수탉을 뜻하는 'gallus'에서 따와 원소 이름을 지었다
며 못마땅하게 여겼다.

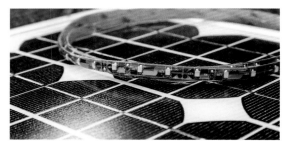

갈륨비소가 들어간 반도체 재료는 태양전지 속에서
태양 에너지를 이용해 발광 다이오드(LED)로부터 빛을 방출한다.

물과 비슷한 원소
갈륨은 더운 여름에는 30℃ 이하의 온도에도 녹아
서 무척 안정적인 액체를 이룬다. 이 액체 갈륨은 약
2200℃에서 끓는데, 원소 가운데 가장 광범위한 온도
에서 액체로 존재할 수 있다. 갈륨은 액체 상태에서
고체보다 밀도가 높은 세 원소 가운데 하나다(다른
두 가지는 비스무트와 안티모니이다). 그래서 고체 상
태의 갈륨은 액체 위에 둥둥 뜬다. 얼음이 물에 뜨기
때문에 우리에게는 익숙한 현상이지만, 원소들 가운
데 이렇게 둥둥 뜨는 경우는 매우 드물다.

태양전지와 LED
갈륨 금속은 그렇게 많이 사용되지 않지만, 갈륨비소
라는 결정체 형태의 반도체 화합물은 쓰임새가 많다.
전류가 화합물 속으로 흐르면 여러 빛이 방출되기 때
문에 발광 다이오드(LED)에 활용된다. 또한 갈륨은,
규소만큼이나, 탈것이나 위성에서 쓰는 태양전지 속
에서 태양 에너지를 활용하는 데 효율적이다.

인듐

In
인듐
49

원자번호:	49
원자량:	114.818
존재 비율:	0.25mg/kg
반지름:	155pm
녹는점:	157℃
끓는점:	2072℃
전자 배치:	(Kr) $4d^{10}$ $5s^2$ $5p^1$
발견:	1863년, F. 라이히, R. 리히터

인듐이라는 이름은 스펙트럼선의 색상이 '인디고 블루'라는 데서 비롯했다. 1863년에 독일의 화학자 페르디난트 라이히(Ferdinand Reich)와 히에로니무스 리히터(Hieronymous Richter)는 이 원소의 정체를 밝혔다.

무르고 잘 달라붙는

인듐은 부드럽고 물러서 차가운 온도에서도 잘 펼쳐지고 다른 금속에 쉽게 달라붙는다. 이 두 가지 성질 덕분에 인듐은 낮은 온도에 특별히 사용되는 실험용 도구 제작에 좋은 재료가 되었다. 또 점착성을 활용해 금속 조각을 땜질해 붙이는 데 쓰인다. 인듐은 다른 금속과 합금하면 그 금속의 강도가 높아진다. 인듐 합금은 비바람에 많이 닳는 비행기 부품에도 사용된다.

투명하게 보이는

1924년에 전 세계에서 생산되는 순수한 상태의 인듐은 1g을 약간 넘는 정도였다. 오늘날 인듐은 매년 600톤 넘게 정제되며 똑같은 양이 재활용된다. 이 생산량의 약 45%는 인듐 주석 산화물(ITO)을 만드는 데 쓰이는데, ITO는 가시광선을 그대로 투과할 만큼 투명하며 전기를 전도할 수 있다. ITO는 스마트폰 화면에서 텔레비전까지 수많은 곳에 활용되고 있으며, 그 수

요도 커지고 있다. 더운 나라에서는 건물 유리에 이 물질을 칠하면 더위를 식힐 수 있다. 가시광선은 들여보내지만 건물의 온도를 올리는 자외선은 차단하기 때문이다. 또한 ITO는 비행기나 자동차 창문을 전기로 데워 성에나 얼음을 녹이는 데도 쓰인다.

이처럼 인듐이 중요해지면서 가격이 엄청나게 치솟았다. 그래서 수요와 공급을 맞추기 위해 재활용 추출 기술도 개선되었다. 전자제품을 만들기 위해 이 금속을 저장해놓는 나라도 몇몇 존재한다.

투명하지만 전기 전도성을 가진 인듐주석 산화물은 새로 개발된 터치스크린 제품들이 일으킨 혁명에서 중심 역할을 했다.

탈륨

탈륨
81

원자번호:	81
원자량:	204.389
존재 비율:	0.85mg/kg
반지름:	190pm
녹는점:	304℃
끓는점:	1473℃
전자 배치:	$(Xe)\ 4f^{14}\ 5d^{10}\ 6s^2\ 6p^1$
발견:	1861년, W. 크룩스

역사적으로 '독살범들이 사용하는 독'이라 알려진 악명 높은 이 원소는 살인 도구로 많이 쓰였다. 영국 런던의 왕립과학대학에서 일하던 윌리엄 크룩스(William Crookes)는 이 원소가 불순물인 황산과 함께 독특한 녹색 스펙트럼선을 방출하는 것을 처음으로 발견했다.

살인자가 사용하는 원소

소설가 애거사 크리스티(Agatha Christie)는 1961년에 발표한 『창백한 말(The Pale Horse)』에서 탈륨을 이용해 살인을 저지르려는 등장인물에 대해 자세히 썼다. 이 소설에서 크리스티는 탈륨 중독을 정확하게 묘사했는데, 이 덕분에 영국에서는 실제 살인자를 체포할 수 있었다. 이 살인자는 색과 냄새, 맛이 없는 탈륨염을 차에 넣어 의붓어머니와 동료 두 명을 죽이려 했다. 또 크리스티의 책을 읽고 난 후, 한 간호사는 자기가 담당하는 아이가 탈륨 중독이라는 사실을 깨닫고 아이의 생명을 구할 수 있었다.

효과

탈륨은 칼륨과 생물학적인 성질이 비슷해서 몸속에 들어오면 칼륨 대신 세포 안으로 들어간다. 여기서 탈륨은 칼륨이 해야 할 필수 작용을 하지 못하기 때문에 몸에 탈이 난다(42쪽, '칼륨' 참고). 탈륨 치료제는 프러시안블루라는 화학물질이다. 철(II, III), 헥사시

한 영국인은 탈륨 화합물을 사람들이 마시는 차에 집어넣어 세 명을 죽이고 많은 사람들을 중태에 빠뜨렸다.

아노철산염(II, III)으로 이루어진 이 물질은 소화관을 타고 지나가면서 탈륨을 흡수해 배설된다.

여전히 유용한

탈륨의 방사성 동위원소 탈륨-201은 의학 분야에서 추적자로 사용된다. 우리 몸은 이 금속을 금방 흡수하며, 관상동맥 질환 의심 환자의 심장에 피가 어떻게 흐르는지 볼 수 있게 해준다. 황화탈륨과 브로민화탈륨은 광전지나 센서에 활용되는데, 전기 전도도가 자외선의 강도를 바꾸기 때문이다.

주석

원자번호:	50
원자량:	118.71
존재 비율:	2.3mg/kg
반지름:	145pm
녹는점:	232℃
끓는점:	2602℃
전자 배치:	(Kr) $4d^{10}$ $5s^2$ $5p^2$
발견:	기원전 3500년

소량의 주석을 구리에 더해 황동 합금을 만들면, 금속을 주조하거나 날카롭게 깎아 가공하는 과정이 더 쉬워지고, 더 강해진다. 그런 까닭에 황동 무기를 사용했던 고대 전사들은 무르고 덜 날카로운 구리 무기로 무장한 적보다 훨씬 유리했을 것이다.

침략 전쟁의 이유

주석은 고대부터 귀한 대접을 받았다. 주석 거래가 조심스럽게 비밀리에 이뤄질 정도였다. 당시 고대 그리스인들은 유럽 북서부 해안 외딴 곳에 '주석 섬'이 있다고 믿었는데, 그것은 믿음일 뿐이었다.

영국의 주석 광산은 데번과 콘월에 있었다. 로마 제국이 당시 야만적이라고 여겼던 영국 섬에 위험을 무릅쓰고 들어간 것은 이 광산 때문이었다는 설이 있다.

분해되는 종

주석은 온도가 낮아지면 흰색을 띠는 금속성 주석(알

나폴레옹이 1812년에 러시아를 침공했을 때 프랑스군대 제복에 달린 주석 단추가 강추위에 얼어붙어 부서졌고, 많은 병사가 저체온증으로 죽어 갔다.

파)에서 회색의 비금속성 주석(베타)으로 바뀐다. 이런 두 형태를 동소체라고 부른다. 불순물이 없는 순수한 주석이라면 약 13.2℃에서 형태가 바뀌지만, 불순물이 조금이라도 들어 있다면 이 온도는 더 낮아진다.

주석이 마치 몹쓸 병에 걸리듯 분해되는 현상 때문에 오르간 파이프나 종이 숱하게 희생양이 되었다. 원래 파이프나 종은 다른 금속과 공명이 가장 잘 되는 주석으로 만든다. 오늘날에는 겨울에 종이 부서지는 것을 막으려고 주석과 납을 반반씩 섞어 제작하는 경우가 많다. 1812년에 나폴레옹의 러시아 침공이 실패한 이유도 주석이 다른 동소체로 바뀌는 현상 때문이었을 가능성이 크다(옆 그림 참고).

주석이 가진 10개의 동위원소는 어떤 원소들보다도 안정적이다. 이 동위원소들은 일반적으로 반응성이 없어서 통조림 깡통 안쪽에 이 금속을 입히면 식품이 통조림의 철 성분과 반응하지 않도록 해준다. 영어로는 깡통 자체를 'tin(주석)'이라 부르기도 한다.

비스무트

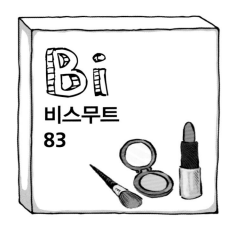

비스무트
83

원자번호:	83
원자량:	208.98
존재 비율:	0.009mg/kg
반지름:	156pm
녹는점:	271℃
끓는점:	1564℃
전자 배치:	(Xe) $4f^{14}\ 5d^{10}\ 6s^2\ 6p^3$
발견:	1753년, C. F. 조프루아

비스무트는 고대부터 알려졌다. 잉카인들은 이 원소를 주석과 합금해 칼을 만들었다. 1753년 클로드 프랑수아 조프루아(Claude Francois Geoffroy)는 비스무트가 원소라는 사실을 처음으로 밝혔다.

안정성이 높은 원소

1949년에 「네이처(*Nature*)」에 실린 한 논문은 그동안 안정적인 것처럼 보였던 ^{209}Bi 동위원소의 안정성에 관한 기나긴 논쟁에 불을 붙였다. 만약 안정적이라면 ^{209}Bi는 원소 가운데 가장 무거우면서 안정적인 동위원소인 셈이다. 하지만 이 논문을 비롯해 이후의 논문들에 따르면 이 원소는 준안정 상태였다. 이 원소는 아주 적지만 알파 입자를 방출하며 붕괴될 가능성이 있었다. 그러다가 2003년이 되어서야 프랑스의 천체물리학자들은 동위원소 붕괴를 관찰할 수 있었다. 또한 이 원소의 반감기가 우주의 나이보다 10억 배 이상 더 긴 1.9×10^{19}억 년이라는 사실을 측정했다. 다시 말해 ^{209}Bi가 과학적으로 방사성 원소라고 밝혀지기는 했지만 실용적으로는 안정적인 원소라고 간주할 수 있다.

이웃 원소보다는 덜 고약한

주변 원소들은 무척 독성이 높지만 비스무트 화합물 자체는 놀라울 만큼 안전하다. 우리가 매일 섭취하는 소금보다도 독성이 낮다. 그렇기 때문에 산업용으로 널리 사용된다. 예컨대 옥시염화비스무트는 화장품에 윤기를 더해주고, 산화질산비스무트는 수술실에서 소독제로 사용되며, 차살리실산 비스무트는 지사제와 소염제인 펩토-비스몰로 쓰인다. 또한 비스무트를 다양한 촉매로 활용하기 위한 연구 역시 활발하게 이뤄지고 있다. 특히 현재 가장 성공적으로 쓰이는 분야는 유기 합성 촉매다.

녹는점이 낮아 쓸모가 많은

비스무트 금속은 납과 물리적 성질이 비슷하지만 독성이 낮아 납의 대체제로 많이 사용된다. 사냥용 납 총알은 여러 국가에서 불법이어서 그 대신 비스무트 총알이 쓰인다. 다른 금속과 합금하면, 비스무트는 녹는점이 낮아서, 특정 온도에서 녹는 납땜이나 안전밸브 등의 녹는점을 조절할 수 있다. 또 예전에는 인쇄기에서 사용한 뜨거운 금속활자에도 쓰였다.

납

원자번호:	82
원자량:	207.2
존재 비율:	14mg/kg
반지름:	180pm
녹는점:	327℃
끓는점:	1749℃
전자 배치:	(Xe) $4f^{14}\ 5d^{10}\ 6s^2\ 6p^2$
발견:	기원전 7000년

납 역시 화학기호의 유래를 얼른 이해하기 힘든 원소 가운데 하나다. 납의 화학기호 Pb는 로마식 이름인 'plumbum'에서 유래한다. 로마인들이 이 단어를 가정용 수도관을 가리키는 데 쓰면서, 영어로 배관 일이나 배관공을 뜻하는 단어로 이어졌다. 로마인들은 납이 중독 증상을 일으킨다는 사실은 알았지만, 무르고 모양을 쉽게 바꿀 수 있는 금속이기 때문에 계속 사용했다.

광기와 아수라장

납이 인체에 들어가면 중요한 여러 과정을 방해한다. 몇 주 동안 핏속에 쌓이며, 부드러운 조직에는 몇 달, 이와 뼈에는 몇 년 동안 남는다. 또 헤모글로빈의 핵심적인 일부를 합성하는 데 필수적인(64쪽, '철' 참고) ALAD(델타−아미노레불린산 탈수 효소) 같은 효소를 제거하기도 한다. 뇌는 납에 가장 예민하게 반응하는 기관이다. 납을 칼슘으로 잘못 인식해 신경세포 안으로 직접 들어오기 때문이다. 그러면 납은 신경세포를 변형시켜 세포의 신호 전달 등을 방해한다. 이에 따라 온갖 인지 장애가 생겨난다.

납 중독은 로마제국의 몰락을 가져온 범인일 수도 있다. 달콤한 맛을 지닌 아세트산납(II)은 와인에 달콤한 맛을 더하는 데 쓰였는데, 이 와인을 먹고 로마 상류층은 정신 질환에 걸렸다. 이 원소가 정말 로마제국을 무너뜨렸는지는 아직 뜨거운 논란거리다.

납을 안전하게 사용하려면

납이 든 염으로 도자기나 플라스틱에 색을 입히는 것은 인체에 그렇게 해롭지 않다. 납 원자가 단단하게 결속되어 빠져나가지 못하기 때문이다. 실험실에서 강한 산 안에 든 금속 상태의 납 역시 반응성은 상대적으로 약하다. 납을 가장 위험하게 활용했던 사례는 1920년대에서 1970년대 후반까지 휘발유에 첨가했던 테트라에틸납(TEL)일 것이다. 좀 더 부드럽게 엔진이 작동하게끔 집어넣었던 것이다. 하지만 그 결과 납이 확산되어 수많은 동물이 중독되었다.

로마인들은 와인을 달콤하게 하는 데 납 혼합물을 사용했다. 하지만 납 중독으로 정신 질환자가 많이 생겼다. 이것은 로마제국이 멸망한 원인일지도 모른다.

준금속

준금속은 금속도, 비금속도 아니며 두 가지 성질을 모두 지녔다. 준금속은 위로는 붕소, 아래로는 아스타틴까지 주기율표에서 p 블록에 해당하는 원소들의 칸을 대각선으로 나눈다.

비금속 같은 성질

비금속과 마찬가지로 준금속 원소들의 원자에서는 동소체라는 배치 형태가 종종 발견된다. 이 원자들 사이에는 대개 금속처럼 이온결합보다는 공유결합이 형성된다. 원자가전자를 내주는 대신 공유하는 것이다.

반도체

준금속은 금속처럼 많은 전자가 이리저리 이동하지는 못하지만 그래도 전기를 전도할 수 있다. 물리학자들은 원자에 붙은 전자들이 가진 에너지(원자가대)와 이동하는 전자들의 에너지(전도대)를 서로 구별한다. 금속에서는 몇몇 원자가전자가 전도대로 이동하기에 충분한 에너지를 가진다.

하지만 준금속에서는 원자가대와 전도대 사이에 에너지의 차이가 있다. 이 준금속들은 원자가전자가 어디에선가 추가로 에너지를 얻어야 그 차이를 뛰어넘어 전도대로 옮겨가고, 그래야만 전기를 전도할 수 있다. 대개는 주위 온도가 높을 때 여기서 가져온 열에너지를 통해 몇몇 전자가 이동할 수 있다. 하지만 전자 개수가 금속에 비해 훨씬 적고 전기 전도율이 낮기 때문에 준금속은 반도체로 분류되는 경우가 많다.

반도체에 열을 가하거나 빛을 비추면 그 원자가 전자에 에너지를 추가할 수 있다. 그러면 더 많은 전자들이 전도대로 옮겨갈 수 있고 전기 전도율 역시 높아질 것이다. 한편 부도체는 전도대까지 이르기 위한 에너지의 차이를 극복하지 못하고, 그에 따라 전기를 전도하지 못한다. 부도체들은 에너지가 가해져 전자들이 전도대에 가까이 가려 하기 전에 불타거나 녹아버릴 가능성이 높다.

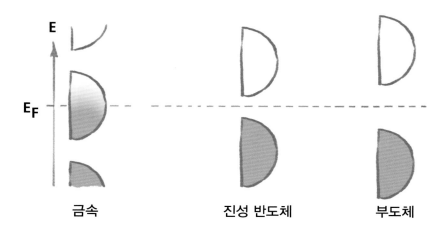

| 금속 | 진성 반도체 | 부도체 |

금속과 준금속, 비금속에서는 전자를 붙잡으려는 힘이 다르기 때문에 자유롭게 움직여 전류를 흘려보내는 전자의 비율 역시 다양하다.

붕소

원자번호:	5
원자량:	10.812
존재 비율:	10mg/kg
반지름:	85pm
녹는점:	2076℃
끓는점:	3927℃
전자 배치:	(He) $2s^2\ 2p^1$
발견:	1808년, L. 게이뤼삭, L. J. 테나르

장소 이름을 딴 원소가 꽤 많은데, 붕소 역시 그렇다. 발견 당시 미국 캘리포니아 보론이라는 곳은 붕사 광산이 성업중이었는데, 이 붕사에서 붕소(boron)라는 원소의 이름이 유래했다.

붕소는 준금속 가운데 가장 가벼운 원소다. 이 원소는 혼자 가만히 있으면 놀랍고 기묘한 여러 형태로(동소체) 바뀐다. 대개 붕소는 갈색이고 특별한 형태가 없지만, 몇몇은 자연 상태에서 결정체를 이룬다. 이 결정체는 선명한 붉은색에서 반짝거리는 은빛을 띤 회색, 불투명한 검은색까지 색이 무척 다양하다.

로켓의 연료

붕소는 질소와 결합하면 부드러운 가루 비슷한 화합물을 만들거나 다이아몬드처럼 단단한 결정을 이룬다. 또 수소와 결합하면 펜타보란(B_5H_9)을 형성한다. 이 성분은 냉전 시기에 로켓과 제트기 연료로 연구되다가 중단되었는데, 독성이 강한 데다 독특한 녹색 불꽃을 내며 혼자서 타오르는 특성이 있었기 때문이다.

세탁제의 원료

각 원자는 원자가전자가 셋이어서 3개의 결합을 형성해 삼플루오린화붕소(BF_3) 같은 화합물을 만든다. 이 상태에서 네 번째 결합도 가능한데 그러면 음전하를 갖게 되지만, 그 결합은 금방 깨져서 다시 중성으로 돌아간다. 이렇듯 불안정한 상태를 가진다는 것은 붕소가 원자 사이로 전자를 잘 흘려보낸다는 것을 의미한다. 그러면서 촉매 역할을 할 수 있다. 몇몇 붕소 화합물은 불안정하다. 예컨대 과붕산나트륨은 따뜻한 물에서 분해되며 과산화수소를 방출하는데, 이런 성질 덕분에 세탁제나 치아 미백제에 이용된다.

퍼실이라는 세탁제 이름은 그 성분인 과붕산나트륨(sodium perborate)과 규산나트륨 (sodium silicate)에서 따온 것이다. 이 성분들은 '하얀 빨래를 더 하얗게' 해준다.

규소

원자번호:	14
원자량:	28.0854
존재 비율:	$2.82×10^5$mg/kg
반지름:	110pm
녹는점:	1414℃
끓는점:	3265℃
전자 배치:	(Ne) $3s^2$ $3p^2$
발견:	1825년, H. C. 외르스테드

규소는 지각에서 두 번째로 많다. 규소보다 풍부한 원소는 산소뿐인데, 규소는 항상 산소와 단단히 결합해 있다.

바위에 갇힌 원소

규산염암은 놀랄 만큼 다양한 형태로 존재하며, 이 암석에서 규소라는 원소 이름이 비롯했다. 여러 형태가 갖는 차이라면 규소와 산소 사이에 얽혀든 금속뿐이다. 대개 규소 원자가 산소 원자들에 둘러싸인 단위체가 여러 번 반복되어 결정을 이루는데, 단위체들은 직접 연결되기도 하고 중간에 금속 원자들이 끼어들기도 한다. 단위체들은 긴 사슬을 이루며, 반짝거리고 투명하거나 색깔이 있는 결정이 된다. 규산염은 식물에서도 나타나는데, 피부에 닿으면 약간의 자극을 유발하는 쐐기풀 가시 속에 이 성분이 들어 있다.

컴퓨터 칩의 트랜지스터는 반도체 규소의 단결정 기판(웨이퍼) 위에 새겨진다.

돌에서 전기를 끌어내기

금속이 끼어들지 않으면 규소는 이산화규소(SiO_2) 화합물을 이룬다. 이 성분은 자연에서 석영으로 발견된다. 석영 또는 이것과 비슷한 결정체들은 압력이나 충격을 받으면 소량의 전기를 방출한다. '압전기'라고 알려진 이런 움직임은 디지털시계의 핵심 특징이다. 또한 규소는 금속처럼 반짝거리기는 해도 전기를 거의 전도하지 않기 때문에 전자를 붙잡아두는 능력이 좋다.

컴퓨터

규소는 컴퓨터의 기본 재료로 사용된다. 이 원소에 13족이나 15족의 다른 원소를 조금 덧붙이면 전기 전도율이 바뀐다. 컴퓨터 프로세서는 이렇듯 변형된 반도체를 사용해서 작은 상자 비슷한 구조 속에 전자를 가뒀다가 방출한다. 이 구조는 규소 단결정의 격자 속에 들어가 있다. 각각의 상자 비슷한 구조는 컴퓨터 데이터를 조금씩 담고 있는데, 컴퓨터가 작동하는 과정에서 이 데이터는 1초에도 여러 번 바뀔 수 있다. 이것이 오늘날 전자기기의 핵심이다.

저마늄

원자번호:	32
원자량:	72.63
존재 비율:	1.5mg/kg
반지름:	125pm
녹는점:	938℃
끓는점:	2833℃
전자 배치:	(Ar) $3d^{10}$ $4s^2$ $4p^2$
발견:	1886년, C. 빙클러

1869년 멘델레예프는 32번 원소 에카-규소의 성질을 정확하게 예측했다.

태초에 빛이 있었다

여러 금속과 마찬가지로 저마늄은 겉이 반짝이며 단단하고 몇몇 반응에서 촉매 역할을 한다. 하지만 저마늄은 적외선이 통과하는 전기 반도체다. 저마늄은 이산화규소와 결합해 적외선 신호가 광섬유를 타고 자유롭게 흐르도록 하는데, 이 광섬유가 전 세계를 이어준다. 또 저마늄은 고에너지를 가진 빛을 반사하는 성질이 좋아서 엑스선 장비의 거울에 들어간다.

저마늄은 규소와 마찬가지로 반도체이지만 규소보다 흔하지 않아 발광 다이오드(LED)에 주로 쓰인

다. 저마늄에 주기율표에서 인접한 족의 원소를 약간 섞으면 p형(양성)과 n형(음성) 반도체를 만들 수 있다. 이 반도체를 붙이면 그 사이에 커다란 에너지의 틈새가 만들어진다. 여기에 전류를 통과시켰을 때 충분한 에너지를 얻은 전자들이 그 틈새를 뛰어넘는 과정에서 빛을 방출한다.

암흑물질도 있었다

저마늄 반도체는 전하를 가진 원자나 입자를 탐지하는 기능이 무척 뛰어나 전 세계 공항에서 짐 속에 방사능 성분이 있는지 검사하는 데 사용된다. 또 저마늄 탐지기는 우주의 약 27%를 차지하는 암흑물질을 감지하는 기능도 있다.

이산화저마늄 화합물은 음료수병의 재료인 PET 플라스틱을 만드는 중합 반응을 촉매하기도 한다(단 미국과 유럽에서는 이 플라스틱을 만드는 데 다른 과정을 사용한다). 저마늄이라는 이름은 1886년에 이 원소를 발견한 독일 화학자 클레멘스 빙클러(Clemens Winkler)의 고국 이름에서 따온 것이다.

광섬유 케이블을 생산하려면 빈 유리관에 사염화저마늄 기체를 가득 채우고 가열해야 한다. 그러면 관 한가운데에서 순수한 산화저마늄이 형성된다.

비소

치명적인 사기꾼

원자번호:	33
원자량:	74.9216
존재 비율:	1.8mg/kg
반지름:	115pm
녹는점:	616℃에서 승화
끓는점:	616℃에서 승화
전자 배치:	(Ar) $3d^{10}$ $4s^2$ $4p^3$
발견:	기원전 2500년

비소는 과학혁명이 일어나기 한참 전인 13세기에 화학 반응을 통해 발견되었다. 가톨릭 성직자였던 알베르투스 마그누스(Albertus Magnus)가 연금술로 이런저런 실험을 하던 중에 우연히 이 원소를 추출했다고 한다.

마그누스는 구리를 올리브유에 넣고 가열해 정제하다가 흰색 비소(삼산화비소, As_2O_3)를 얻었고, 이때 진회색 금속 원소가 석출되었다. 이 원소의 이름 'arsenic'은 페르시아어로 노란색을 뜻하는 '(al)zarniqa'에서 비롯했다.

벽지 속 살인자

빅토리아 시대까지 독성을 지닌 아비산염이 '패리스 그린'이나 '셸레 그린'이라는 이름의 염료로 흔하게 사용되었다. 벽지에 색을 더하거나 감미료에도 사용했던 이 성분은 많은 사람들이 자기 집에서 숨을 거두는 원인이 되었다.

이 성분은 습기를 머금으면 특정 유형의 곰팡이가 아비산염을 트리메틸비소라는 휘발성 화합물로 바꾼다. 이 분자는 호흡을 통해 인체에 즉시 흡수된

19세기에 아비산염이 칠해진 벽지에는 곰팡이가 자랐고 여기서 비소가 방출되었다. 1821년에 나폴레옹 보나파르트가 사망한 원인도 이 성분 때문이라는 주장이 있다.

다. 몇몇 사람들은 이 성분이 1821년에 세인트헬레나 섬에 유배된 나폴레옹을 죽음으로 이끌었다고 주장한다.

비소는 머리카락의 케라틴에도 강하게 결합한다. 2008년에 나폴레옹의 머리카락을 조사한 결과 오늘날 현대인의 평균 비소 농도보다 100배가 높다는 사실이 밝혀졌다. 하지만 19세기에는 벽지 말고도 비소가 든 염료나 접착제가 많았기 때문에 머리카락에 지속적으로 축적되었을 가능성도 있다. 비소는 이런 유기물 형태뿐만이 아니라 광물 형태로도 몸에 흡수될 수도 있어 논쟁이 뜨겁다.

생물학적인 역할

비소는 우리 몸에 중요한 여러 효소의 활성 부위에 강하게 달라붙어 그 효소를 쓸모없게 만드는 힘이 있다. 그중에서도 ATP의 생산을 방해하는 능력이 대단하다. ATP는 우리 몸의 세포 속으로 에너지를 전달하는 분자다(116쪽, '인' 참고). 비산염 이온은 이 과정에서 인 이온과 경쟁을 벌인다. 세포에게서 에너지가 사라지면, 몸 전체에 복합적으로 장기 부전이 일어나고 죽음을 맞게 된다.

18세기, 19세기, 20세기에는 의료 분야에서 여러 비소 화합물이 사용되었다. 예컨대 1910년대에는 독일의 노벨상 수상자 파울 에를리히(Paul Ehrlich)가 살바르산이라 불리는 아르스페나민을 만들었는데, 이 성분은 매독과 싸우는 '마법의 탄환'으로 여겨졌다. 하지만 나중에 항생제로 대체되었다. 또 지난 500년 동안 삼산화비소(As_2O_3)는 암이나 건선 같은 질환을 치료하는 데 사용되었다. 21세기 초에 미국 정부는 백혈구에 생긴 암인 급성전골수성 백혈병 치료에 이 화합물을 처방할 수 있다고 승인했다. 다른 요법이 듣지 않는다면 사용할 수 있다는 것이다.

예전에 널리 사용되던 비소는 독성 때문에 사용 빈도가 점차 줄어들고 있다.

미국 군인들이 살바르산 주사를 맞기 위해 줄을 서서 기다리는 모습. 이 성분은 성 질환인 매독의 치료제로 쓰였다.

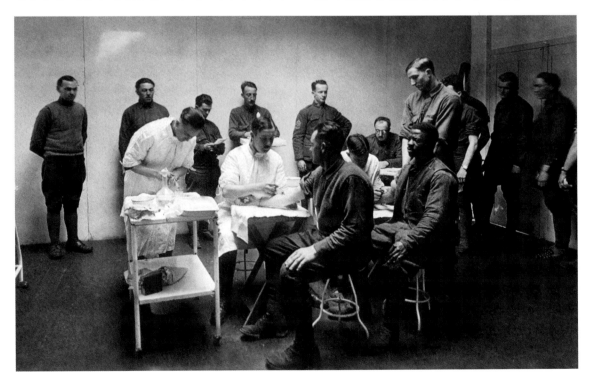

안티모니

원자번호:	51
원자량:	121.76
존재 비율:	0.2mg/kg
반지름:	145pm
녹는점:	631℃
끓는점:	1587℃
전자 배치:	(Kr) $4d^{10}\ 5s^2\ 5p^3$
발견:	기원전 3000년

비소와 마찬가지로 독성이 있기는 하지만, 안티모니를 의학적으로 활용하기까지는 길고 격렬한 논쟁이 있었다. 이 원소는 기원전 1600년 무렵부터 쓰였는데, 예컨대 고대 이집트인들은 황화안티모니를 마스카라로 사용했다. 이 원소의 이름은 '혼자가 아니다'라는 뜻을 가진 그리스어 'anti-monos'에서 비롯했다.

폭발성 물질
안티모니는 자연 상태에서 4개의 서로 다른 동소체를 가진다. 준안정 상태인 검은색과 노란색 동소체는 회색으로 반짝이는 금속성 동소체가 되려는 경향이 있다. 이 금속성 동소체는 안정적이지만 전기 전도율은 낮다. 네 번째 동소체는 전기분해를 통해 만들어지는데 건드리면 폭발하며 발열 과정에서 회색 금속성의 형태로 재배열된다.

모차르트는 구토를 유발하는 안티모니 팅크제(알코올을 더해 유효 성분을 침출한 액체)를 주기적으로 복용했다. 몸속을 청소해 병을 낫게 해준다는 이유였다.

구토 유발
오늘날 간 손상을 일으킨다고 알려진 안티모니는 고대 그리스 시대와 17세기 유럽에서는 약으로 처방되었다. 예컨대 타르타르산안티모니는 구토제로 사용되었으며 몸속의 나쁜 성분을 제거한다고 알려졌다. 1791년 모차르트 사망 원인 역시 그가 평소에 선호했던 안티모니 요법일지도 모른다는 이야기가 있다.

타지 않는
안티모니는 삼산화안티모니(Ⅲ)(Sb_2O_3)라는 화합물 형태로 가장 많이 쓰인다. 이 성분에 할로젠을 섞으면 재료가 잘 연소되지 않는 난연제가 된다. 이 화합물들은 연소 과정에서 방출되는 자유라디칼을 가두어 탄소를 기반으로 한 대부분의 물질들이 마구잡이로 타지 않게 막는다. 오늘날 어린이들의 옷, 장난감, 소파 덮개같이 일상에서 사용하는 많은 물건들이 이런 방식으로 가공된다.

텔루륨

Te

텔루륨
52

원자번호:	52
원자량:	127.6
존재 비율:	0.001mg/kg
반지름:	140pm
녹는점:	450℃
끓는점:	988℃
전자 배치:	(Kr) $4d^{10}$ $5s^2$ $5p^4$
발견:	1783년, F. J. M. 폰 라이헨슈타인

희귀 원소인 텔루륨은 다른 금속이 섞인 광물을 전기분해해서 남은 끈적거리는 물질에서 얻을 수 있다. 1783년에 프란츠-요제프 뮐러 폰 라이헨슈타인(Franz-Joseph Muller von Reichenstein)이 루마니아 시비우에서 텔루르화금($AuTe_2$)을 함유한 광석에서 발견했다.

지구의 이름이 붙은 원소

라이헨슈타인은 1796년에 원소 샘플 하나를 독일 화학자 마르틴 클라프로트(Martin Klaproth)에게 보냈다. 클라프로트는 라이헨슈타인의 발견을 확인해주었고, 아직 주기율표에 등장하지 않은 태양계의 유일한 행성 이름을 이 원소에 붙이라고 제안했다. 바로 지구였다. 텔루륨이라는 이름은 지구를 뜻하는 라틴어 'tellus'에서 비롯했다.

데이터 기록

오늘날 텔루륨은 다른 물질의 첨가제로 활용된다. 강철이나 구리에 텔루륨을 첨가하면 기계 속에서 잘 작동하는 부품을 만들 수 있고, 납에 첨가하면 튼튼하고 내구성 있는 재료가 된다. 일산화텔루륨은 텔루륨 금속과 이산화텔루륨의 혼합물인데, DVD 같은 기록 가능한 광학 매체에 사용된다. 이 결정체 화합물의 광학적인 특성은 레이저로 조작하면 뚜렷이 변화하기 때문에 디스크에 데이터를 기록하도록 한다. 또 삼산

산화텔루륨을 레이저로 조작하면 DVD 디스크에 데이터를 기록할 수 있다.

화텔루륨의 반도체 결정체에 카드뮴을 더하면, 다른 비슷한 화합물보다 더 효율적으로 햇빛을 전기로 변환할 수 있다. 텔루륨을 주재료로 하고 저마늄과 안티모니를 더한 재료 역시 전망이 밝은데, 차세대 상변화 컴퓨터 메모리 칩에 활용될 전망이다.

지독한 입 냄새

텔루륨은 인간에게는 살짝 독성을 보이는데, 황이나 셀레늄 대신 생물학적 대사 경로에 끼어들기 때문이다. 또 텔루륨을 살짝 들이마신 사람은 입 냄새가 지독해진다. 우리 몸은 이 금속을 대사하는 과정에서 디메틸텔루륨($(CH_3)_2 Te$)을 만들어내는데, 이 성분은 휘발성이며 지독한 마늘 냄새를 풍긴다.

폴로늄

원자번호:	84
원자량:	(209)
존재 비율:	2×10^{-10}mg/kg
반지름:	190pm
녹는점:	254℃
끓는점:	962℃
전자 배치:	(Xe) $4f^{14} 5d^{10} 6s^2 6p^4$
발견:	1898년, P. 퀴리와 M. 퀴리

주기율표의 84번째 원소는 47가지의 방사성 동위원소가 자연 상태로 존재한다. 이 동위원소들은 질량수가 187에서 227까지다. 그중에서 가장 흔한 원소는 ^{210}Po인데, 우라늄-238이 붕괴되는 연쇄 과정에서 생겨난다. 이 원소를 처음 발견한 사람이 누구냐를 둘러싸고 논쟁이 있지만, 일단 1898년 7월 마리 퀴리와 피에르 퀴리가 발견한 것으로 보인다.

폴란드를 위해

두 사람은 다음과 같은 글을 남겼다. "우리가 되살려 낸 성분 안에 이전까지 알려지지 않았던 금속이 들어 있다고 생각한다. 성분을 분석하면 비스무트와 비슷하다. 만약 이것이 새로운 금속이라는 사실이 확인된다면 우리 부부 중 한 사람의 고향인 폴란드를 기려 이 원소의 이름을 '폴로늄'이라 짓고자 한다." (마리 퀴리는 폴란드 출신이다.)

이 논문을 시작으로 논쟁이 벌어졌다. 퀴리 부부가 발견한 성분이 들뜬상태의 비스무트일 뿐 새로운 원소가 아니라는 주장이 나왔다. 1910년에야 마리 퀴리와 동료 앙드레-루이 드비에른(André-Louis Debierne)이 분광학으로 폴로늄이 새로운 원소라는 사실을 증명했다.

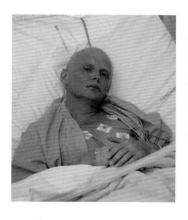

2006년 11월 23일에 런던의 한 병원에서 사망한 알렉산드르 리트비넨코는 폴로늄 중독으로 사망했다고 기록된 유일한 환자다.

죽음

폴로늄의 화학적 성질은 크게 알려진 바가 없다. 방사능이 있고 다른 준금속과 결합하면 독성이 아주 커진다. 이 두 가지 조합만으로도 폴로늄은 지금껏 알려진 원소 가운데 가장 치명적이라고 할 만하다. 1μg보다 적은 양으로도 사람을 죽일 수 있다. 실제로는 50ng(1g의 10억분의 1)만 삼켜도 방사능 노출로 치사량에 도달할 수 있다. 또한 폴로늄은 몇몇 종류의 원자폭탄 기폭 장치로 쓰이기도 한다.

비금속

생명체와 우주 대부분을 차지하는

주기율표를 보면 금속이 비금속보다 5배 더 많지만 전체 우주에서는 비금속 원자가 훨씬 많다. 예컨대 비금속으로 분류되는 수소와 헬륨은 우주 전체의 99%를 차지한다. 지구의 지각과 대양, 대기의 절반 이상이 산소로 이루어졌다. 거의 모든 지구 생명체는 비금속으로 이뤄졌고 탄소가 주성분이며, 얼마 안 되는 금속 원소가 가끔씩 섞여 있을 뿐이다.

금속성이란

비금속은 금속의 성질을 보이지 않는 원소들이다. 화학적·전기적·물리적·기계적인 성질은 어떤 방식으로든 원자의 원자가전자가 보이는 행동과 연관된다. 금속은 이온결합을 통해 원자가전자를 내보내며 양이온이 되고자 한다. 금속의 원자가전자들은 이리저리 움직이며 금속 양이온이 갖는 통상적인 배열 사이에서 공유된다. 이렇게 자유롭게 움직이는 전자들은 전기장의 영향력 아래 이동하며 그 과정에서 전기를 효과적으로 흘려보낸다. 전자들이 바다를 이루는 현상 또한 여러 금속들 안에서 원자 사이의 약한 결합을 형성하며, 그에 따라 상대적으로 녹는점이 낮아지고 물질이 부드러워져 얇은 전선처럼 쉽게 늘어난다.

비금속성이란

비금속 비활성기체들은 화학적으로 가장 안정적인 원소들이며 반응성도 그렇게 크지 않다. 모든 원소는 비활성기체와 동일한 전자 배치를 갖고자 하는데, 그

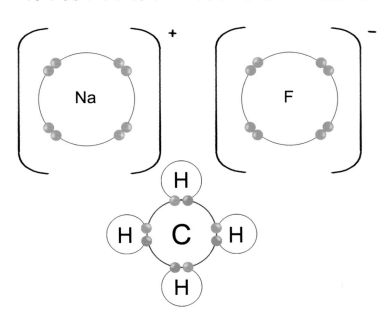

이온결합(위쪽)은 두 원자 사이에서 전자들이 교환되며 나타난다. 이 결합은 전자를 쉽게 잃고자 하는 금속과 전자를 어떻게든 얻고자 하는 비금속 사이에서 나타나는 경우가 많다. 여기에 비해 공유결합(아래쪽)에서는 전자들이 공유되며 대개 2개의 비금속 사이에서 일어난다. 이들 비금속은 전자를 잃기보다는 다른 원자와 안정적으로 전자를 공유하려 한다.

래야만 안정적이기 때문이다. 주기율표의 오른쪽에 놓인 비금속 원소들은 비활성기체의 전자 배치와 무척 가까운 편이라, 전자를 잃는 대신 전자를 얻어 그 배치를 이루려고 최선을 다한다. 비금속 원소들은 금속과는 정반대 특성을 보이는데, 예컨대 이온결합에서도 양이온보다는 음이온을 이룬다. 또 비금속은 공유결합 구조를 형성하는데, 대부분은 분자가 작다. 이리저리 흩어진 전자들을 공유하는 과정에서 원자가 결합하지 않기 때문이다. 대체로 전기 절연체이며, 단단하고 잘 부서지고, 녹는점이 높다.

물론 이런 일반화에는 예외가 있으며, 금속과 비금속을 분류하는 특성은 무척 다양하다.

대각선 배치
전자를 꼭 붙들고 있는 가벼운 비금속 원소들은 이온화 에너지가 무척 높다. 이 말은 가장 바깥쪽의 전자를 떼어내는 데 큰 에너지가 필요하다는 뜻이다. 하지만 원자의 크기가 커지면서 전자를 붙드는 힘은 점점 약해진다. 전자를 끌어당기는 핵이 더 많이 가려지며 바깥쪽 전자와의 거리도 멀어지기 때문이다. 그러면 전자들을 떼어내기 쉽고, 이 전자들이 이리저리 이동하며 구름을 이루어 주변에 다른 양이온을 둘러싼다. 이런 원소는 금속의 성질을 더 많이 띤다. 이때 주기

B	C	N	O	F	Ne
Al	Si	P	S	Cl	Ar
Ga	Ge	As	Se	Br	Kr
In	Sn	Sb	Te	I	Xe
Tl	Pb	Bi	Po	At	Rn
Uut	Fl	Uup	Lv	Uus	Uuo

율표의 왼쪽에서 오른쪽으로 갈수록 원자의 크기가 줄어들고 같은 족에서는 밑으로 내려갈수록 원자의 크기가 늘어나기 때문에, 금속과 비금속을 가르는 선은 대각선으로 나타난다. 비금속은 전자들이 꼭 붙들려 있고 잘 움직이지 않아 일반적으로 전기 전도율이 낮으며 전기 절연체로 사용된다.

세부적으로 분류하기
비금속은 대개 다음 세 범주로 분류한다. 다원자성 비금속, 이원자성 비금속, 비활성기체(일원자성)다.

다원자성
탄소, 인, 황, 셀레늄 등 다원자성 비금속은 2~3개의 결합을 이루며, 탄소의 경우에는 최대 4개의 결합이 가능하다. 이런 여러 결합은 다양한 범위의 동소체를 형성한다. 즉 원소의 형태가 달라지는 것이다. 결합이 여러 개라면 커다란 3차원의 결정체 구조, 2차원의 병풍 구조, 1차원의 연쇄 구조를 이룰 수 있다. 이런 동소체들은 크기가 작아 실온에서 고체인 경우가 많다.

이원자성
질소, 산소, 그리고 17족의 할로젠 원소들은 이원자성 비금속이다. 이 원소들은 1~2개의 결합을 형성하며, 2개의 원자로 이뤄진 분자를 통해 서로를 묶는 경우가 많다. 이들 원소는 커다란 구조를 형성하지 않기 때문에 실온에서는 대부분 기체로 발견된다. 예외가 있다면 액체인 브로민과 고체인 아이오딘이다.

한편 비활성기체들은 전자를 얻거나 공유하려 하지 않기 때문에 일원자성 원소를 이룬다(133쪽, '비활성기체' 참고).

옆 주기율표를 보면 대각선 방향으로 원소들의 성질이 바뀐다. 주기를 가로지르며 이온화 에너지가 변하고 같은 족에서는 아래로 내려갈수록 원자의 크기가 커지기 때문이다. 이에 따라 금속 성질 원소와 비금속 성질 원소를 나누는 선이 계단 모양으로 나타난다.

탄소

스스로 결합하는 원소

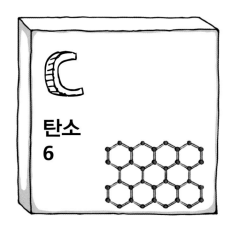

원자번호:	6
원자량:	12.0112
존재 비율:	200mg/kg
반지름:	70pm
녹는점:	3527℃
끓는점:	4027℃
전자 배치:	(He) $2s^2\ 2p^2$
발견:	기원전 3750년

탄소는 엄청나게 특별한 원소다. 탄소만을 대상으로 연구하는 '유기화학'이라는 분야가 있을 정도다. 이렇듯 대접을 받는 이유는 탄소가 자기 자신과 결합을 형성할 수 있기 때문이다. 탄소는 그야말로 궁극적인 다원자성 비금속이며, 화합물과 동소체의 수도 원소 가운데 가장 많다. 수십, 수백, 수천 개의 탄소 원자를 연결해 더욱 복잡한 화합물이나 새로운 원소 배열을 이룰 수 있다.

4개의 탄소 결합-다이아몬드

강철로 만든 다리는 어째서 삼각형 모양으로 연결될까? 삼각형 구조는 힘을 가장 고르게 전달하기 때문이다. 예컨대 다이아몬드에서 반복적으로 결합된 정사면체 구조는 자연에서 볼 수 있는 완벽한 삼각형 배열이다. 이 물질의 어느 원자에 힘을 가하면 그 원자에 연결된 나머지 원자에도 힘이 똑같이 나뉜다. 그리고 뒤이어 그 원자들에 연결된 다른 네 원자에도 힘이 분산된다.

　이런 동소체를 만드는 과정에서 지각 깊은 곳에서 형성된 천연 다이아몬드는 엄청나게 높은 온도와 압력을 필요로 한다. 지각 판이 이동하거나 화산 폭발 같은 대격변이 일어나 지표면이 밀려 올라오는 과

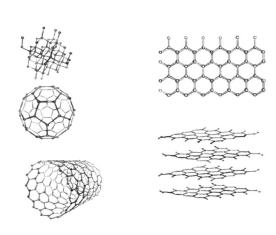

탄소는 원소 가운데 동소체의 수가 가장 많다. 위 그림을 보면 서로 다른 여러 구조가 모두 단일 원소 원자들을 담고 있다.

113

정에서 다이아몬드가 발견된다. 최근에는 과학자들이 금속 촉매를 활용해 실험실에서 다이아몬드를 만드는 방법을 찾기도 했다. 이렇게 인공적으로 만든 다이아몬드는 석재용 드릴이나 절삭용 기기에 얇은 층으로 부착해 사용한다.

다이아몬드는 4개의 원자가전자 모두 탄소-탄소 공유결합에 단단히 묶여 있기 때문에 전자가 자유롭게 움직일 틈이 없다. 전자들이 빛을 흡수하거나 높은 에너지 준위로 뛰어오를 수 없다는 뜻이다. 그러면 물질은 완전히 투명해진다. 그리고 전류를 흘려보내도 자유로운 전자가 없어 원소를 침전시킬 수 없기 때문에, 다이아몬드는 최고의 전기 절연체가 된다. 또한 다이아몬드는 열 진동이 원자들의 격자 구조를 잘 뚫고 지나갈 수 있어서 열을 전도하는 데 무척 효과적인 물질이다.

3개의 탄소 결합

탄소 원자가 다른 세 원자와 결합한 동소체들은 반복되는 육각형 패턴을 이룬다. 그러면 결합은 3개만 만들어지므로, 각 탄소의 네 번째 원자가전자는 이리저리 이동하는(비국소화된) 전자구름 안에서 공유된다. 그에 따라 이 동소체들은 전기를 다양하게 전도한다. 전자가 이리저리 이동한다는 점 덕분에 탄소는 이런 형태 속에서 빛을 흡수할 수 있다.

그리고 크기가 고르지 않은 원자 하나 두께의 판자들 모음이 흑연을 이룬다. 종이에 연필로 글씨를 쓸 때 흑연 가루가 검은색을 띠며 반짝거리는 이유는 여기저기 이동하는 전자들이 자유롭게 다양한 에너지 준위 사이를 넘나들며 거의 모든 파장의 빛을 흡수했다가 방출하기 때문이다. 이때 끈적거리는 테이프로 이 판자 하나를 떼내면, 21세기가 낳은 놀라운 물질 그래핀을 얻게 된다. 두께가 겨우 원자 하나 정도인 이 물질에서 전자가 이리저리 위아래로 움직이기 때문에 탄소를 기반으로 한 전자기기와 컴퓨터를 제작할 수 있을 것으로 보인다. 2004년에 탄소의 새로운 동소체인 그래핀을 발견한 안드레 가임(Andre Geim)과 콘스탄틴 노보셀로프(Konstantin Novoselov)는 2010년에 노벨 물리학상을 받았다.

2차원인 종이로 3차원 모형을 만드는 것과 똑같은 방식으로, 이 2차원의 탄소 판자 역시 다양한 3차원 동소체를 만들어낼 수 있다. 마치 축구공처럼 조각보를 기운 모양으로 서로 접혀 들어가 구를 형성하기도 한다. 그러면 그 각각의 모양이 전자의 이동에 각기 다른 방식으로 제한을 가하며, 서로 다른 파장의 빛을 흡수한다. 그 결과 C_{70}은 자연광 아래서 적갈색을 띠지만 C_{60}은 환상적인 자홍색을 띤다.

판자 모양의 그래핀을 돌돌 말면 탄소나노튜브를 만들 수 있다. 이 조그만 빨대 모양의 구조는 앞뒤 양쪽을 열 수도 있고 한쪽만 열 수도 있으며 둘 다 닫을 수도 있다. 기다란 관을 따라 전자가 이리저리 아주 효율적으로 옮겨 다닐 수 있기 때문에, 탄소 나노튜브는 전기 전도율이 상대적으로 낮았던 흑연에 거의 금속에 가까운 성질을 더한다.

1~2개의 탄소 결합

탄소 원자들은 거의 모든 효소나 유기 분자의 뼈대가 된다. 이 분자들 속에서 대부분의 탄소는 1~2개 이상의 다른 탄소와 결합해 다양한 길이의 사슬을 이룬다. 가끔 흑연과 비슷한 육각형 고리를 만드는 경우도 있다. 탄소에는 다양한 원소가 결합하지만, 그중에서

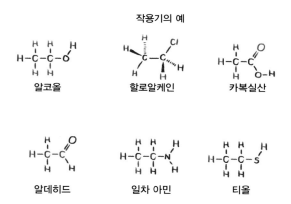

작용기의 예

알코올 할로알케인 카복실산

알데히드 일차 아민 티올

유기화학의 영역은 광범위하고 다양하다. 여기에 소개된 것들은 탄화수소 사슬에 부착되어 모든 종류의 유기 분자를 만들어내는 흔한 작용기다.

도 풍부한 수소가 가장 많이 결합한다. 이때 결합의 형태가 달라지면 기능도 각각 달라지는데, 이런 분자들을 연구하는 분야를 '유기화학'이라 한다. 화합물의 종류가 무척 많으므로 여기에 이름을 붙이고 서로 구별하는 데는 몇 가지 규칙이 있다.

먼저 탄소와 수소로만 이뤄진 사슬은 탄화수소라 불리며, 모든 화석연료와 플라스틱의 기초를 이룬다. 유기 화합물은 이 탄화수소 사슬에 붙은 기능기 소단위에 따라 분류된다. 예컨대 탄소에 산소와 수소가 붙으면(C-O-H) 알코올이 만들어진다. 그리고 같은 탄소에 산소가 하나 더 이중결합으로 붙으면(O=C-O-H) 카복실산이 된다. 식초에 든 아세트산이 대표적이다. 또 질소가 덧붙으면 아민과 아마이드가 되며, 황이 붙으면 티올이 된다. 질소와 황, 인이 여러 비율로 결합하며 이루는 다양한 아미노산은 단백질과 핵산(DNA)을 이루는 집짓기 블록이다.

탄소-탄소 결합 자체의 구조에 따라 분류명이 정해지는 경우도 있다. 탄소 단일결합(C-C)을 가진 탄화수소는 알케인이며 '-ane'로 끝나는 이름을 가진다. 또 탄소 이중결합(C=C)이 포함된 탄화수소는 알켄이며, 이름 끝에 '-ene'가 붙는다. 그리고 탄소 삼중결합을 가진 탄화수소는 알킨이며, 이름 끝에 '-yne'가 붙는다. 이중결합인 '-ene'나 삼중결합인 '-yne' 화합물들은 중합 반응을 거칠 수 있다. 탄소 사이에 존재하는 여분의 결합을 떼어낸 다음 그 자리를 탄소를 기반으로 한 다른 분자와 연결하는 것이다. 예컨대 에텐 분자($H_2C = CH_2$)는 서로 계속 연결되어 끝도 없이 긴 사슬을 형성할 수 있는데, 이 과정에서 플라스틱인 폴리텐(폴리에틸렌)이 만들어진다.

그리고 탄소 원자로만 단일결합과 이중결합을 교대로 육각형 고리를 만들면, 방향족 화합물이 된다. 그중에서 가장 기본적인 형태는 하나의 탄소 육각형 고리에 수소가 붙은 벤젠이다. '방향족 화합물'이라는 이름이 붙은 이유는 초기에 발견된 벤젠의 여러 변종에서 냄새가 났기 때문이다.

한편 1몰에 1000g이 되지 않거나 각 원자의 원자량을 합쳐도 1000 미만인 작은 분자들도 있다. 이런 분자들도 생물학적으로 활성을 띠는데 카페인이라는 작은 이종고리 화합물을 예로 들 수 있다. 또 효소 안에서는 한가운데에 자리한 금속 이온이 많은 유기 분자들을 조정한다. 이 이온들은 특정한 다른 분자들에 맞춰 유기 분자들의 모양을 바꾸기도 하고, 생물학적 반응 속도를 높여주기도 한다(56쪽, '전이금속' 참고).

들뜬상태의 탄소

탄소가 지구에 풍부한 이유는, 별의 중심부에 무거운 원자핵을 만드는 연쇄 융합 반응에서 핵심적인 단계를 담당하기 때문이다. 하지만 핵합성 연구가 시작되자 6번 원소를 둘러싸고 도저히 이해할 수 없을 듯한 문제가 등장했다. 융합으로는 탄소-12가 그 정도로 많이 만들어질 수 없을 것처럼 보였기 때문이었다. 여기에 대해 영국의 우주론자 프레드 호일(Fred Hoyle)은 오늘날 우리를 둘러싼 탄소-12를 만들기 위해서는 고에너지를 가진 들뜬상태의 탄소가 필요하다고 주장했다. 이것은 '인류 원리'를 떠오르게 한다. 우리를 둘러싼 우주가 지금 같은 조건을 가진 이유는 우리가 지금 이렇게 존재하기 때문이라는 제안이다.

이 들뜬상태의 탄소는 나중에 실제로 지구에서 실험적으로 관찰되었다.

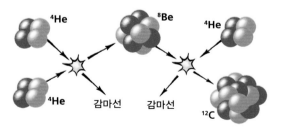

삼중 알파 입자 반응. 고에너지 상태의 헬륨 원자 3개가 융합되어 활동성이 높으며 들뜬상태의 탄소-12를 만들어낸다.

인

해독제로 쓰이는 원소

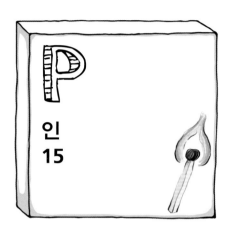

원자번호:	15
원자량:	30.9738
존재 비율:	1050mg/kg
반지름:	100pm
녹는점:	44℃
끓는점:	277℃
전자 배치:	(Ne) $3s^2\ 3p^3$
발견:	1669년, H. 브란트

독일 상인 헤니히 브란트는 파산한 상태에서 두 아내와 함께 전설로 내려오는 현자의 돌을 찾아 헤맸다. 현자의 돌이란 납을 금으로 바꿔준다는 물질이다. 브란트는 돈이 없었지만 자기가 가진 자원으로 실험을 계속했다.

오줌에서 발견된 원소

1669년에 브란트는 자신의 소변에서 물기를 증발시켜 남은 물질이 새빨갛게 달아오를 때까지 가열했다. 그리고 이때 나온 증기를 물속에서 응결시켜 흰색 가루를 얻었다. 이 성분을 공기 중에 노출시키자 흰색의 불꽃이 환하게 타올랐다. 브란트는 자기도 모르게 새로운 화학 원소를 발견했던 것이다. 브란트는 이 가루, 즉 새로운 원소에 'phosphorus(인)'이라는 이름을 붙였다. 그리스어로 '빛을 가져오는 사람'이라는 뜻인 'phosphoros'에서 가져온 이름이었다.

제2차 세계대전 당시 독일의 드레스덴에 소이탄이 떨어지는 모습이다. 오늘날에도 인은 공기를 만나면 불꽃을 내며 폭발하는 성질 때문에 몇몇 폭탄에 쓰인다.

고약하고 독성이 있는

백린(황린이라고도 불린다)이라 알려진 이 동소체는 어두운 과거가 있다. 20세기에 벌어진 전쟁에서 예광탄과 소이탄, 연막탄으로 사용되었기 때문이다. 제2차 세계대전이 정점에 달한 1943년 7월 독일 함부르크에 인을 사용한 폭탄 2만 5000톤이 투하되었다. 인은 더 사악한 용도로도 활용되었는데, 사린 같은 화학 무기가 그렇다. 이 신경가스는 신경세포 사이의 신호 전달을 방해하면서 인체에 치명적인 손상을 준다. 1995년에 일본 도쿄 지하철에서 테러리스트들이 사린을 살포했는데, 이 사건으로 12명이 사망하고 1000명 가까이 다쳤다.

필수적이고 에너지를 내는

인은 소변보다 뼈에 더 많이 들어 있는데, 이는 이 원소가 생명체에 아주 흔하다는 뜻이다. 인은 인산염(PO_4^{3-}) 형태로 몸속에 들어 있다. 인산염은 중요한 유기 분자의 구조적인 틀을 구성하는 데 핵심 역할을 한다. 그중에는 모든 지구 생명체의 정보를 암호화하는 분자도 포함된다. 바로 데옥시리보핵산(DNA)이다. 인산염은 뼛속에 다량으로 발견되는데 인산칼슘염을 활용해 뼈를 튼튼하게 만든다.

인산염은 아데노신삼인산(ATP)의 형태로 몸속 모든 세포에 에너지를 전달한다. 그리고 산소는 '호흡'을 통해 포도당에서 에너지를 뽑아내는 데 이용된다(122쪽, '산소' 참고). 이 에너지는 전자를 통해 화학적 컨베이어 벨트를 타고 내려가 아데노신이인산(ADP)이라는 종착역에 도달한다. 이때 아데노신에 인산기를 더 붙이면 고에너지 분자인 ATP가 만들어진다. ATP는 몸 곳곳으로 이동하며 세포로 전달된다. 세포 안에서 ATP는 ADP로 전환되면서 에너지를 방출하는데, 세포는 이 에너지를 활용해 다른 화학 반응을 통제하고 수행한다. 그러면 ADP는 나중에 다시 쓰이기 위해 ATP로 돌아간다. 평범한 성인은 호흡 과정을 통해 매일 자기 몸무게만큼의 ATP를 합성한다. 이 분자가 없으면 몸속 세포들은 살아가는 데 필요한 에너지를 얻지 못할 것이다.

여러 쓰임새

질소, 칼륨과 함께 인은 식물에 뿌리는 비료의 주성분이다. 적린 동소체는 어떤 표면에든 긁으면 불꽃이 일어나 한때 성냥 제작에 사용되었다. 또 인산칼슘은 도자기를 만들 때 쓰인다. 도자기를 '본차이나'라고도 부르는 것은 인산칼슘 성분을 뼈(영어로 'bone')에서 추출하기 때문이다. 그리고 등유에 녹은 인산트리뷰틸을 사용해 다 쓰고 난 핵연료에서 우라늄을 추출하는데 이것을 퓨렉스법이라 한다.

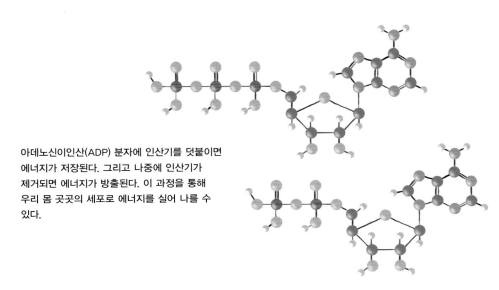

아데노신이인산(ADP) 분자에 인산기를 덧붙이면 에너지가 저장된다. 그리고 나중에 인산기가 제거되면 에너지가 방출된다. 이 과정을 통해 우리 몸 곳곳의 세포로 에너지를 실어 나를 수 있다.

황

냄새는 지옥 같지만 필수적인 산

황
16

원자번호:	16
원자량:	32.062
존재 비율:	350mg/kg
반지름:	100pm
녹는점:	115℃
끓는점:	445℃
전자 배치:	(Ne) $3s^2$ $3p^4$
발견:	1669년, H. 브란트

고대에 황은 자연에서 여러 형태로 발견되었다. 황이 원소 가운데 고체 상태의 동소체를 많이 형성하기 때문이다. 전부 합쳐 30개나 된다. 그중에서 가장 흔한 동소체는 시클로옥타황(S_8)이라는 노란색 고체로 115℃에서 녹아 핏빛의 붉은색 액체가 되며 불이 붙으면 파란색 불꽃을 내며 타오른다. 황은 5~20개에 이르는 원자들과 결합해 고리를 이루기도 한다.

산성비

화석연료는 죽은 동식물의 잔해가 수백 년 동안 압축되고 가열되어 만들어진 결과물이다. 모든 생명체는 단백질과 효소를 만들어내는데, 이것들을 이루는 아미노산 가운데서 황이 발견된다. 석탄과 석유, 천연가스에는 황이 무척 많이 들어 있다. 화석연료가 연소하면 다른 기체들과 함께 이산화황(SO_2)이 발생한다. 이 성분이 물과 닿으면 황산(H_2SO_4)이나 아황산(H_2SO_3)이 만들어진다. 구름 속에서 이런 일이 벌어지면 산성 물질이 비에 섞여 산성비가 내린다. 산성비를 막으려면 액체나 기체 상태의 연료를 태우기 전에 가능한 한 황을 추출해야 한다. 그래서 석탄을 때는 발전소에서는 황이 대기에 흘러나가지 않도록 연료를 연소시키고 생긴 기체를 처리한다.

산화황은 물에 녹아 산성 물질로 변한다. 산화황이 공기 중의 수증기와 만나면 산성비가 되어 석조물에 손상을 입히며 땅에 독성 물질이 스며든다.

지독한 냄새

성경에 '신은 소돔과 고모라에 유황으로 불타는 비를 내렸고' '죄인들은 유황으로 불타는 호수에서 허우적댔다'는 구절이 등장한다. 이런 구절을 읽으면 황 화합물 냄새가 나는 불붙은 유황이 떠오를 것이다. 이 '지옥의 냄새'는 다량의 황화수소(H_2S)에서 나오며 분화하는 화산에서 맡을 수 있다. 산소가 포함되지 않은, 환원된 상태의 황은 후각에 꽤 지독한 경험을 안겨준다.

이 환원된 황 성분을 포함한 다른 유기 화합물 역시 비슷한 냄새가 난다. 예컨대 티올(113쪽, '탄소' 참고)은 냄새가 무척 지독해서, 원래 냄새가 없는 메탄이나 프로판, 부탄에 첨가되어 가스가 누출되었을 때 사람들이 냄새를 맡고 즉각 알아차리게 하는 용도로 쓰인다. 스컹크도 자기를 잡아먹으려는 포식자로부터 몸을 방어하려고 티올 화합물을 활용한다.

황산염은 모든 식품과 음료수에서 발견되며 몇몇 세균은 이 물질을 에너지원으로 활용하도록 진화했다. 황산염이 황화수소로 환원되는 과정에서 에너지가 방출되는데, 이것은 호흡 과정에서 산소를 환원해 물(H_2O)로 만드는 방식과 상당히 비슷하다. 오래된 맥주나 와인, 그리고 악명 높은 썩은 달걀 등에서 역겨운 냄새가 나는 이유도 황산염의 화학 반응 때문이다. 사람들 대부분이 황화수소라는 환원된 황 화합물을 경험한 적이 있을 것이다.

쓰임새

황산은 산업에서 가장 많이 활용되는 화학물질이며, 매년 생산되는 황산의 85%가 여러 물건의 재료가 된다. 황산은 중요한 여러 화학물질을 만드는 전 단계 성분이기도 하다. 이렇듯 중요성이 높기 때문에, 황산의 생산량은 어떤 나라의 산업이 얼마나 발전했는지, 삶의 질이 얼마나 높은지 가늠하는 지표가 된다. 황산은 비료를 만드는 데 많이 쓰이기 때문에 그 나라의 식량 생산량과 직결된다. 폐수를 처리하는 데 꼭 필요한 물질이기도 하다.

스컹크는 자기 몸을 방어하려고
냄새가 고약한 티올 화합물을 활용한다.
이 화합물에는 황이 들어 있다.

셀레늄

원자번호:	34
원자량:	78.971
존재 비율:	0.05mg/kg
반지름:	115pm
녹는점:	180℃
끓는점:	685℃
전자 배치:	(Ar) $3d^{10}$ $4s^2$ $4p^4$
발견:	1817년, J. 베르셀리우스, G. 간

황에 가려 주목받지 못하는 경우가 많지만, 유기 셀레늄 화합물이 내뿜는 냄새 또한 엄청나게 고약하다.

전기를 이용하는

화학자들이 셀레늄에 대해 아는 바는 이 원소가 황과 비슷하지만 그렇게 흥미롭지는 않다는 사실 정도다. 셀레늄은 많은 동소체를 가졌고, 그중 가장 흔한 것은 색이 검거나 붉거나 회색이다. 가장 흔한 회색 동소체는 1000개가 넘는 원소의 커다란 사슬로 이뤄졌으며 무척 길지만 끝에 가서는 고리로 연결된다. 이때 빛의 형태로 소량의 에너지가 더해지면 셀레늄-셀레늄 결합의 전자들은 이리저리 움직이며 전기 전도체가 된다. 이런 성질은 초기 광전지의 광 검출기에 사용되었다.

보충제

매일 셀레늄 보충제를 복용하는 사람이 많다. 여기에 찬성하는 사람들은 이 약이 비타민 E의 항산화 작용을 북돋아줌으로써 DNA를 파괴하는 산소 자유라디칼이 줄어든다고 주장한다. 그렇지만 이에 대해선 더 많은 연구가 필요하다. 우리 몸에 필요한 셀레늄은 다양한 식품으로 조금씩 섭취할 수 있는데, 특히 견과

견과류인 브라질너트 한 알에는 하루에 필요한 셀레늄 권장량이 들어 있다.

류나 참치, 바닷가재에 들어 있다.

발견한 사람은 누구?

스웨덴의 옌스 야코브 베르셀리우스(Jöns Jacob Berzelrius)와 요한 고틀리에브 간(Johan Gottlieb Gahn)은 직접 채굴한 광석에서 황산을 생산하다가 1817년에 수상한 붉은색 침전물이 부산물로 나온다는 사실을 눈치챘다. 이 물질을 태우자 텔루륨 화합물과 비슷한 냄새가 났다. 1818년에 베르셀리우스는 이 부산물이 텔루륨이 아닌 새로운 원소라고 주장했다. 그리고 텔루륨이 그리스어로 지구를 뜻하는 'tellus'에서 따온 이름인 만큼, 새로운 원소의 이름을 '달'을 뜻하는 그리스어 'selene'에서 따와 '셀레늄'이라 지었다.

질소

원자번호:	7
원자량:	14.0072
존재 비율:	19mg/kg
반지름:	65pm
녹는점:	−210℃
끓는점:	−196℃
전자 배치:	(He) $2s^2 2p^3$
발견:	1772년, D. 러더퍼드

질소는 대기의 약 78%를 차지한다. 그럼에도 질소는 15족의 다른 원소들보다 100년도 더 늦게 발견되었다. 이렇듯 발견되는 데 오랜 시간이 걸린 이유는 질소가 다른 기체와 혼동을 일으키기 때문이다.

생명이 없는

이산화탄소(CO_2)는 화석연료와 탄산염 암석에서 방출된다. 대기 중에 이 기체만 존재한다면 동물들은 죽어버린다. 질소 역시 같은 효과를 나타내서 처음에는 이산화탄소라고 간주되었다. 그러다가 1760년대에 헨리 캐번디시가 이 기체의 혼합물을 염기성 용액에 통과시켰더니 이산화탄소는 사라지고 질소만 남았다. 캐번디시는 남은 기체가 공기보다 밀도가 작다고 올바로 기록해놓았지만 그 결과를 발표하지는 않았다. 그에 따라 질소 발견은 스코틀랜드의 대니얼 러더퍼드(Daniel Rutherford)의 공로로 돌아갔다. 러더퍼드는 캐번디시와 비슷한 실험을 했고, 결과를 1772년에 논문으로 발표했다.

강한 연결

질소는 대기 중에 이원자성 분자 N_2로 존재하며 여기서 두 원자는 같은 원소 사이에서 가장 강한 결합을 이룬다. 두 원자는 삼중 공유결합으로 3개의 전자를 공유해 에너지가 낮고 안정적인 분자를 이룬다. 한편 폭발물은 대개 질소 원자를 함유한 질소 화합물인데, 이들 화합물은 비교적 쉽게 에너지를 내놓으면서 N_2로 전환된다. 그 과정에서 폭발이 일어난다.

생명에 필수적인

질소는 아미노산의 핵심 성분으로 생명체에 꼭 필요하다. 아미노산이라는 이름도 질소가 들어간 작용기인 아미노기 $-NH_2$에서 비롯했다. 이 아미노산 분자들은 서로 결합해 단백질을 이룬다. 또한 질소는 핵산에서도 발견되는데, 핵산은 사슬처럼 서로 결합해 DNA를 만들면서 생명체의 정보를 암호화한다. 이런 이유로 우리 몸에서 질소는 무게로 따졌을 때 3% 정도이며, 수소, 탄소, 산소에 이어 네 번째로 풍부한 원소다.

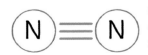

질소 원자의 삼중결합은 같은 원소 사이에 이루어지는 결합 가운데 가장 강력하다.

산소

이중 마법

원자번호:	8
원자량:	15.9992
존재 비율:	$4.61×10^5$mg/kg
반지름:	60pm
녹는점:	−219℃
끓는점:	−183℃
전자 배치:	(He) $2s^2$ $2p^4$
발견:	1774년, J. 프리스틀리, C. W. 셸레

이 원소의 이름은 그리스어로 '산을 형성한다'는 뜻인 'oxy genes'에서 유래한다. 이 이름만 봐도 산소가 얼마나 반응성이 좋은지 다소나마 짐작이 될 것이다. 산소는 다른 원자와 연결되려는 성질 덕분에 양이 무척 많아졌고 지구에 필수 원소로 발돋움했다.

산소는 지구의 지각에서 가장 풍부한 원소다. 또한 우주 전체를 통틀어 수소와 헬륨의 뒤를 이어 세 번째로 풍부한 원소이기도 하다. 산소는 천체에서 이뤄지는 핵융합으로 만들어지며, 다른 원소들보다 융합 반응의 단계가 다양하다. 그에 따라 산소의 핵은 이중으로 마법을 부릴 수 있다.

핵 채우기

앞에서 우리는 전자가 에너지 껍질을 채우는 일이 원소의 화학적 반응성과 어떤 관련이 있는지 살펴봤다. 예컨대 껍질이 전자로 꽉 차 있는 비활성기체들은 화

전자는 핵을 둘러싼 여러 에너지 껍질을(각기 에너지 준위가 다른) 채우며, 양성자와 중성자는 핵 안의 에너지 껍질을 채운다. 중성자와 양성자가 완전히 껍질을 채운 동위원소 덕분에 산소는 다른 원소보다 두 배로 마법을 부릴 수 있고 훨씬 안정적이다.

학적으로 안정적이며 반응이 일어나지 않는다. 별 속에서 벌어지는 핵융합을 통해 핵자(양성자와 중성자)가 핵에 더해지면 이들 역시 에너지 껍질을 채울 수 있다.

전자와 마찬가지로, 이 핵 껍질은 3개의 양자수를 통해 제일 먼저 근삿값을 추정할 수 있다. 여기에 더해 핵자 자체의 스핀을 고려하면 더 복잡해진다. 모든 요인을 감안해 첫 번째 8개의 전자껍질은 각각 다음과 같은 수의 핵자를 받아들일 수 있다. 2, 6, 12, 8, 22, 32, 44, 58.

만약 핵이 양성자 또는 중성자 껍질로 꽉 차 있다면 다른 핵보다 훨씬 안정적이며 마법이 시작된다. 이렇듯 핵 껍질이 두 가지 방식으로 꽉 차 있다면 핵은 이중 마법을 부릴 수 있다. 예컨대 8개의 양성자와 8개의 중성자를 가진 산소-16은 첫 번째 2개의 핵 껍질이 둘 다 완전히 채워진 이중 마법을 부리는 핵 가운데 두 번째로 가볍다. 산소-16은 핵의 안정성이 높기 때문에 별이 핵융합을 거치는 다양한 단계에서 제 역할을 한다.

지구 위에서

산소는 반응성이 무척 높은 원소인데, 핵심 이유는 2개의 동소체에 짝짓지 않은 전자들을 갖고 있어 이 전자들이 결합해 비활성기체의 상태에 도달하려고 하기 때문이다. 이런 성질 덕분에 초기 지구에는 산소가 전부 화합물 속에 묶여 들어간 상태였다. 지구의 암석은 무게의 약 46%가 산소인데, 그 상당수가 이산화규소, 즉 우리가 모래라고 부르는 것이다. 산소는 무척 풍부하고 반응성이 좋아, 땅속에서 채굴되는 금속의 상당수는 산소와 결합한 산화물 형태로 발견된다. 또 산소는 석회석 같은 탄산염 형태로 묶여 있기도 한다. 바다 역시 산소가 풍부하다. 전체 산소의 약 86%가 H_2O, 즉 물 형태로 수소와 결합해 있다. 물은 생명체가 살아가는 데 꼭 필요한 용매다.

생명체 안에서

산소는 탄소와 결합해 기체를 이루기도 한다. 오랜 옛날 지구의 대기는 이산화탄소(CO_2)가 상당 부분을 차지했다. 오늘날 산소는 이원자 분자인 O_2의 형태로 우리가 숨 쉬는 공기 중 최대 23%까지 차지한다. 이렇게 산소가 풍부해진 이유는 조그만 세균들의 선구적인 역할 덕분이었다. 이들 세균은 광합성을 통해 햇빛을 이용해서 물과 이산화탄소로부터 당과 산소 기체를 만든다. 다른 세균들은 이 과정에서 나온 물질을 이용해 호흡을 한다. 당에 저장되어 있던 에너지를 방출하는 것이다. 이후 진화 과정을 거쳐 광합성을 하는 능력은 식물로 전해졌고, 그에 따라 동물과 식물이 호흡을 하게 되었다. 세균이 만들어낸 당과 산소가 없었다면 동물들은 살아가는 데 필요한 에너지를 얻지 못했을 것이다.

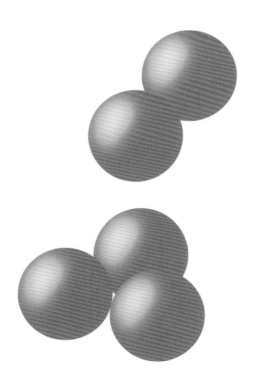

해수면에서 흔하게 발견할 수 있는 이원자 상태의 산소(위쪽)와 이보다 안정성이 떨어지는 동소체 오존(아래쪽). 오존은 지구의 대기권 상층에서 자외선과 반응해 형성된다.

둘의 결합

이원자 분자인 O_2가 흥미로운 이유는 짝짓지 않은 전자들 여럿에 둘러싸였기 때문이다. 산소를 냉각해 액체로 만들면 이 전자들이 빛의 다른 에너지를 전부 흡수하면서 푸른색으로 보인다. 또한 이 액체는 자성을 띠는데, 전자들이 어떤 자기장 안에서든 스스로 정렬하기 때문이다. 이 전자들은 다른 전자들과 짝을 이루기 위해 무척 적극적으로 움직이고, 그래서 산소는 반응성이 매우 높다.

북적거리는 셋

오존(O_3)은 산소 원자 하나와 짝 없는 전자들이 더해지면서 더 많은 빛을 흡수할 수 있고, 그래서 진한 푸른색으로 보인다. 또한 자기장 안에서 더 많은 전자들이 정렬하기 때문에 자성이 커지고, 짝을 지으려는 전자들이 많아져 반응성도 더 높아진다. 오존은 기압이 낮고 차가운 지구 대기권 상층에서 O_2와 자외선의 상호작용으로 만들어진다. 에너지가 풍부한 자외선은 O_2 분자에서 산소 원자 사이의 결합을 끊는다. 그러면 무리를 떠나 자기 마음대로 행동하는 산소 원자들이 다른 O_2와 결합해서 오존을 형성한다.

오존은 지구 생명체에 꼭 필요한데, 대기권 상층에서 에너지가 풍부한 자외선을 흡수해 자외선이 지표면에 너무 많이 도달하지 않도록 막기 때문이다. 그러면 유기체들은 자외선에 손상될 염려 없이 DNA 같은 중요한 분자를 복제하거나 수선할 수 있다. 하지만 오존은 지표면에서 화석연료를 태울 때 종종 만들어지는 위험한 오염 물질이다. 오존은 탄화수소 분자와 결합해 식물의 광합성을 방해하며 독성 스모그를 형성한다. 오존은 O_2 분자나 단일 산소 원자보다 에너지가 높아 불안정하다. 오존 분자는 따뜻한 대기권 하층까지 기어들면 열 에너지 때문에 분해되기 쉽다. 그래서 지표면 근처에서는 오존이 많이 발견되지 않는다.

제멋대로 행동하는 프레온 가스(CFCs) 때문에 오존층에 구멍이 점차 커지는 모습을 시간 순서대로 보여주는 그림이다.

할로젠

할로젠은 라틴어로 '염을 생성하는'이라는 의미를 가진다. 비금속 원소들은 대부분의 금속 원소들과 이온결합을 형성해 염을 이루기 때문이다. 그중에서 가장 친숙한 염은 식품을 보존하거나 맛을 낼 때 사용하는 소금, 즉 염화나트륨이다. 1811년에 독일 화학자 요한 살로모 크리스토프 슈바이거(Johann Salomo Christoph Schweigger)가 '할로젠'이라는 단어를 처음으로 제안하며 당시에 새로 발견된 17번 원소에 이 이름을 붙였다. 하지만 나중에 이 원소는 영국 과학자 험프리 데이비에 의해 염소라는 이름으로 불리게 되었다.

녹색을 띤 노란색 염소 기체와
적갈색의 브로민 액체,
금속성 광택을 띤
회색 아이오딘 고체는
전부 상온에서 관찰할 수 있다.

물질의 세 가지 상태

할로젠은 표준 온도와 압력에서 원소의 세 가지 상태를 전부 볼 수 있는 유일한 원소 집단이다. 염소는 기체, 브로민은 액체, 아이오딘은 고체이기 때문이다. 원소 상태에서 이들은 전부 두 원자가 공유결합을 이루며 이원자 분자로 존재한다. 기체 상태의 할로젠 원소들은 색깔이 화려하다. 예컨대 플루오린은 연한 노란색이고 아이오딘은 보라색이다. 고체 상태일 때는 겉모습이 꽤 다르다. 플루오린은 투명하거나 불투명한 흰색이고 아이오딘은 금속성 광택을 내는 진한 회색이다.

반응

17족의 할로젠 원소들은 모두 전자가 하나만 더 있으면 화학적으로 안정성을 띠게 된다. 가장 바깥쪽 껍질이 꽉 차게 되어 이웃인 비활성기체와 같아지기 때문이다. 원자가 작을수록 양전하를 띤 핵은 전자들에 더 쉽게 이끌린다. 그래서 할로젠 원소 가운데 가장 작은 플루오린은 반응성이 가장 높고 아이오딘은 반응성이 가장 낮다. 아스타틴은 아이오딘과 반응성이 비슷하다고 여겨지지만 원소 자체가 방사능이 높아 그 화학적 성질에 대해서는 알려진 바가 많지 않다.

플루오린
바라는 게 뚜렷한 원소

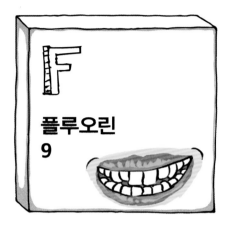

원자번호:	9
원자량:	18.9984
존재 비율:	585mg/kg
반지름:	50pm
녹는점:	−220℃
끓는점:	−188℃
전자 배치:	(He) $2s^2\ 2p^5$
발견:	1886년, H. 무아상

플루오린 원자가 행복해지려면 전자 하나만 더 있으면 된다. 그래서인지 이 원자는 전자를 얻으려는 힘이 대단하다. 플루오린은 반응성이 높은 원소라 살균과 소독에 사용된다. 플루오린화 이온(불소)은 치아를 튼튼하게 하며 여러 약에 첨가되어 병을 치료하는 데 쓰인다.

끌어당기는 힘

2개의 전하를 멀리 떨어뜨려놓으면 그 사이에 작용하는 힘은 점점 약해진다. 이때 거리를 두 배로 늘리면 힘은 4분의 1로 줄어든다. 만약 2개의 전하가 양전하와 음전하로 서로 반대라면 끌어당기는 힘이 발생한다. 이때 전자들을 꽉 붙잡고 있는 작은 원자는 다른 원자들이 자기의 핵으로 가까이 다가오게 할 수 있다. 따라서 작은 원자들은 다른 원자의 전자를 비롯한 근처의 전하에 더 큰 힘을 일으킨다.

주기율표에서 같은 주기의 왼쪽에서 오른쪽으로 이동할수록 핵 속에 양성자가 늘어나 같은 껍질에서 전자들을 더욱 강하게 끌어당기고, 그에 따라 원자의 크기가 줄어든다. 플루오린 원자는 껍질에 전자가 완전히 채워지지 않은 2주기 원자 가운데 크기가 가장 작다. 2주기 원소들은 전자가 하나만 더 있으면 껍질을 다 채울 수 있다. 그래서 이 원자들은 전자를 거의 내보내려 하지 않으며 전자를 추가로 얻으려는 경향이 강하다.

반응

플루오린은 전자를 끌어당기는 능력이 좋고 껍질을 채우려는 경향이 강해 비금속 원소 가운데 반응성이

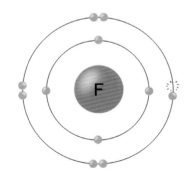

크기가 작은 플루오린 원자는 전자 하나만 더 들어오면 전자껍질을 꽉 채울 수 있다. 그래서 이 원자는 전자를 잘 끌어들인다.

가장 좋다. 플루오린은 주기율표의 거의 모든 단일 원소와 반응한다. 전자를 꽉 붙잡고 놓지 않는 헬륨과 네온만이 예외다. 플루오린은 무거운 비활성기체들을 반응하게 하는 유일한 원소다('제논' 참고).

빼앗기와 공유하기

대부분의 플루오린화 금속 화합물은 이온결합을 이룬다. 플루오린은 금속 원자의 전자를 깔끔하게 훔쳐 온다. 그렇기 때문에 금속이 이미 전자를 많이 잃어 산화 상태가 +5 이상인 경우에만 금속은 전자를 더 이상 잃지 않으려 하고 대신 공유결합으로 전자를 공유한다. 비금속 또한 바깥쪽 전자껍질을 꽉 채울 수 있기 때문에 전자를 빼앗기지 않으려 한다. 플루오린과 비금속은 대부분 공유결합을 이룬다.

살균과 강화

플루오린화 이온(F^-)이 화합물에 들어가면 플루오린은 원하는 전자를 전부 갖게 되며 안전하게 활용할 수 있다. 치약이 대표적이다. 치약에는 플루오린화 나트륨과 플루오린화주석이 들어 있다. 치아를 보호하는 법랑질 성분은 인회석이라는 칼슘-인 화합물로 이뤄져 있다.

치약에 든 플루오린화 이온은 인회석의 수산기와 반응해 수산기 자리에 대신 들어가 수산인회석을 이룬다. 그러면 플루오린화 이온은 인회석과 더 단단히 결합하기 때문에 산에 쉽게 파괴되지 않고, 그에 따라 이 치아를 훨씬 잘 보호할 수 있다.

전기음성도

플루오린과 플루오린이 결합해서 생긴 분자 F_2는 결합이 꽤 약하다. 그래서 분자를 이루는 각 원자는 결합을 벗어나 주변 전자와 결합하려고 계속 기회를 노린다. 이처럼 플루오린은 다른 원소에 강하게 끌리는 만큼 그 원소들과 강하게 결합한다. 플루오린과 탄소의 결합은 평균적인 탄소-탄소나 플루오린-플루오린 결합보다 훨씬 강하다. 1932년에 미국 화학자 라이너스 폴링은 이런 성질을 수량적으로 나타내는 '전기음

치약 속 플루오린화 이온은 치아를 보호하는 인회석 분자 속에서 수산화기 자리를 대체할 수 있다. 그 결과 만들어진 플루오린 인회석은 산의 공격으로부터 치아를 훨씬 잘 보호한다.

성도' 개념을 제안했다. 플루오린은 주기율표에서 전기음성도가 가장 강해서 전기음성도가 높은 또 다른 원소와 결합하면 그 결합의 세기는 엄청나게 강해진다.

위험한 하늘

플루오린과 염소가 탄소와 강하게 결합하면 매우 안정적인 화합물이 형성된다. 프레온 가스(CFCs)는 오랫동안 냉장고의 냉매나 스프레이용 압축가스로 사용되었다. 온도와 압력이 높아져도 분해되지 않기 때문이다. 하지만 프레온 가스는 밖으로 방출되면 이리저리 떠돌다가 대기권 상층으로 올라간다.

여기서 프레온 가스는 고에너지의 자외선과 만나거나 오존(O_3)에 흡수된다. 자외선과 오존은 염소와 플루오린화탄소 사이의 강한 결합을 끊을 정도로 강력하다. 이 광분해 과정에서($CCL_3F \rightarrow CCL_2F^{\cdot}+Cl^-$) 자유라디칼이 생성된다. 자유라디칼이란 짝짓지 않은 전자들을 가진 이온을 말한다. 라디칼은 오존을 공격해 산화물과 이원자 산소 기체(O_2)를 만들지만 그 전에 산소 자유라디칼($O_2^{\cdot-}$)도 생성한다. 이 연쇄 반응 결과 오존층이 파괴되며 지표면에 위험할 정도로 자외선이 내리쬐이는 지역이 늘어난다. 이런 문제 때문에 오늘날에는 전 세계적으로 프레온 가스 사용이 금지되었다.

염소

원자번호:	17
원자량:	35,452
존재 비율:	145mg/kg
반지름:	100pm
녹는점:	−102℃
끓는점:	−34℃
전자 배치:	(Ne) 3s^2 3p^5
발견:	1774년, W. 셸레

스위스계 독일인 화학자 카를 빌헬름 셸레는 1774년에 녹색을 띤 노란색 기체를 만들어냈다. 하지만 셸레는 자신의 업적을 제대로 깨닫지 못했고, 이 기체를 다른 원소의 산화물이라고 여겼다.

1810년, 험프리 데이비는 셸레가 했듯이 염산을 망가니즈(Ⅳ) 산화물과 반응시켜보았고, 셸레가 염소 원소를 발견했다고 결론지었다. 원소를 발견한 공은 셸레에게 돌아갔지만, 새 원소의 이름은 데이비가 지었다. 그리스어로 '노란빛을 띤 녹색'이라는 뜻인 'chloros'에서 'chlorine(염소)'이 나왔다.

전쟁 무기 염소 가스

독일 화학자 프리츠 하버(Fritz Haber)는 염소 가스를 산업적으로 생산하는 방법을 개발했다. 이 가스는

제1차 세계대전 때 화학 무기로 사용되었다. 공기보다 무거운 이 가스는 땅 위를 떠다니다가 참호 안에 가라앉는다. 이 기체를 들이마시면 폐 속의 물기에 녹아 염산을 만들어낸다. 이 염산은 폐를 부식시키며 그 과정에서 다량의 액체가 생산되어 희생자를 말 그대로 익사시킨다.

살균

오늘날에는 마시는 물이나 수영장 물을 소독하는 데 염소를 사용한다. 1850년에 물리학자 존 스노(John Snow)가 소독제로 염소를 사용하자고 제안했다. 그는 영국 런던의 식수 펌프 한 곳에서 콜레라가 확산된 것을 추적했다. 또 스노는 클로로포름(CHCl$_3$)을 마취제로 사용해 빅토리아 여왕이 아이 2명을 출산하도록 돕기도 했다. 오늘날 염소는 표백제와 세탁제로도 사용된다.

염소 가스는 제1차 세계대전에서 처음으로 사용된 화학 무기였다. 이 치명적인 가스로부터 몸을 보호하기 위해 군인들은 방독면을 지급받았다.

브로민

원자번호:	35
원자량:	79.9049
존재 비율:	2.4mg/kg
반지름:	115pm
녹는점:	−7℃
끓는점:	59℃
전자 배치:	(Ar) $3d^{10}$ $4s^2$ $4p^5$
발견:	1826년, A. J. 발라르, C. 뢰비히

50년 전까지만 해도 이 원소는 소화기에서 진정제에 이르기까지 다양한 제품에 사용되었다. 오늘날에는 그렇게 널리 쓰이지 않지만, 브로민이 아니면 안 되는 몇 가지 용도가 있기 때문에 전 세계의 생산량은 계속 늘고 있다.

유기브로민

이 원소는 유기브로민 분자가 함유된 난연재 제품으로 가장 많이 사용된다. 이 물질을 태우면 브로민화수소산이 산소 원자와 결합한 성분이 만들어져 불길이 더 잦아든다. 또한 난연재를 플라스틱에 첨가하면 연소를 예방할 수 있어 열을 많이 받는 텔레비전 몸체나 노트북 컴퓨터를 만들 때 사용한다.

　　펜타브로모디페닐 에테르 역시 난연성 분자인데, 이 성분은 놀랍게도 고래의 지방 속에서 발견된다. 이 분자에는 방사능이 있는 탄소−14 동위원소가 들어 있는데, 이 점을 보면 생물의 몸에서 왔다는 사실을 알 수 있다.

지중해에 사는 몇몇 연체동물은 브로민 화합물 때문에 보랏빛을 띤다. 이 연체동물로 만들어진 염료 티리언 퍼플은 로마 황제의 옷을 염색하는 데 쓰였다.

지독한 냄새

우세한 동위원소가 하나 존재하는 다른 원소들과 달리, 브로민은 ^{79}BR와 ^{81}BR이 거의 50대 50의 비율로 존재한다. 1826년에 24세였던 프랑스의 앙투안−제롬 발라르(Antoine−Jerome Balard)는 몽펠리에의 바다 소금 찌꺼기에 산을 첨가해 반응시키다가 이 원소를 발견했다. 반응 결과, 기름진 붉은색 액체가 생기자, 발라르는 프랑스 아카데미에 결과를 발표했고, 아카데미는 그의 발견을 인정했다. 원소 이름은 그리스어로 악취를 뜻하는 'bromos'에서 따왔는데, 원소에서 나온 증기가 고약한 냄새를 풍겼기 때문이다. 브로민은 세슘, 수은, 갈륨과 함께 상온에서 액체 상태인 4개 원소 가운데 하나다.

아이오딘

성장의 필수 원소

원자번호:	53
원자량:	126.90447
존재 비율:	0.45mg/kg
반지름:	140pm
녹는점:	114℃
끓는점:	184℃
전자 배치:	(Kr) $4d^{10}$ $5s^2$ $5p^5$
발견:	1811년, B. 쿠르투아

원소로서 아이오딘은 독성이 있지만 아이오딘 이온은 복잡한 생명체가 발생하는 데 필수적이다.

어떻게 발견되었을까?

19세기 초반, 나폴레옹 전쟁이 불붙으면서 군대가 쓸 화약 재료가 떨어지기 시작했다. 화약의 필수 성분인 초석을 만들 때 대개 목재를 사용했지만 공장에서는 나무보다 풍부한 해초를 사용했다. 프랑스의 화학자 베르나르 쿠르투아(Bernard Courtois)의 가족도 그런 공장을 경영했다. 1811년, 실험을 하던 쿠르투아는 해초를 태운 재에 농축된 황산을 넣어보았다. 그러자 놀랍게도 보라색 증기가 나오더니 용기 가장자리에 결정체가 생겼다. 쿠르투아는 그리스어로 보라색을 뜻하는 'iode'에서 따와 '아이오딘(iodine)'이라는 이름을 붙였다.

크레틴병

19세기 유럽 중부 사람들은 크레틴병에 많이 걸렸다. 육체적·정신적 성장이 심각하게 저해된 환자들은 천치(cretin)라 불렸다. 이 병은 알프스 산맥 근처에서 가장 흔하게 나타났기 때문에 산맥의 꽉 막힌 공기나 오염된 계곡 물이 원인이라고 여겼다. 오늘날에는 크레틴병이 아이오딘 결핍 때문에 걸린다는 사실이 알려져 있다. 더 정확하게 말하면 사람들의 먹을거리 속에 염 화합물의 형태로 든 아이오딘 이온(I^-)이 부족해서 걸리는 병이다.

갑상선종

아이오딘의 농도는 목에 있는 갑상선에도 영향을 준다. 갑상선은 몸속 여러 시스템의 작동과 성장을 제어

아이오딘이 부족하면
갑상선이 충분히 발달하지 못해
육체적·정신적 성장이 저해된다.

하는 호르몬(화학 전달물질)을 만들어낸다. 아이오딘이 부족하면 갑상선이 심하게 부어오르는 갑상선종에 걸린다. 갑상선은 아이오딘을 곧장 흡수하기 때문에 방사성을 띤 아이오딘 동위원소 ^{131}I 을 이용해 갑상선암을 치료할 수 있다.

생명체에 필수적인

자연에서 아이오딘을 얻는 원천은 주로 바닷물이다. 바닷물에는 아이오딘이 0.05ppm의 농도로 포함되어 있다. 바다에서 멀리 떨어진 곳에 사는 사람들은 아이오딘을 직접 섭취할 기회가 없었다. 이 원소가 발견되고 2년이 지났을 무렵, 의사 장-프랑수아 쿠앵데(Jean-Francois Coindet)는 제네바에서 갑상선종 환자들에게 아이오딘을 투여해 치료했다. 그 결과 환자들은 금방 회복되었고, 아이오딘이 이들에게 꼭 필요한 원소였다는 사실이 증명되었다. 현대인들은 예전보다 균형 잡힌 식사를 하면서 아이오딘 결핍 질환은 크게 줄었다. 사람에게만 아이오딘이 필요한 것은 아니다. 올챙이가 사는 연못에 아이오딘이 들어 있지 않으면 올챙이 다리가 자라나지 않아 개구리로 성장할 수 없다. 생명체가 필요로 하는 원소 가운데 아이오딘은 굉장히 무거운 원소 중 하나다. 아이오딘보다 무거운 원소는 몇몇 세균의 효소에 들어가는 텅스텐뿐이다.

소독을 도와주는 원소

소량의 아이오딘 이온은 생명체에 꼭 필요하지만, 원소 상태의 아이오딘은 독성이 강하다. 액체 상태의 원소, 아니면 물 또는 에탄올에 아이오딘을 녹인 아이오딘팅크는 오래전부터 살균제로 사용되었다. 베이거나 긁힌 상처에 아이오딘팅크를 바르는 경우가 많고, 수술을 받기 전에도 해당 부위에 이 약을 바른다.

아이오딘은 물속에 녹으면 삼아이오딘화 이온(I_3^-)이 되는데, 이 이온은 여러 화학적 분석에 유용하게 쓰인다. 이 이온이 녹말에 있는 아밀로오스 분자 속으로 들어가면 어두운 보라색을 띤다. 고등학교 생물 시간에 잎의 광합성 실험을 할 때 아이오딘 반응을 활용한다.

올챙이가 개구리로 자라려면 물속에 아이오딘이 있어야 한다.

아스타틴

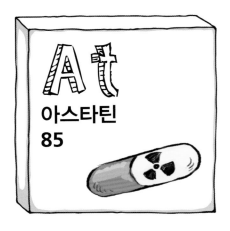

원자번호:	85
원자량:	(210)
존재 비율:	3×10^{-20}mg/kg
반지름:	자료 없음
녹는점:	302℃
끓는점:	337℃
전자 배치:	(Xe) $4f^{14}\ 5d^{10}\ 6s^2\ 6p^5$
발견:	1940년, 코슨, 맥켄지, 세그레

방사능을 가진 아스타틴은 우라늄의 연쇄 붕괴 반응에서만 생긴다. 이 원소는 자연에서 가장 드문 원소로, 지구의 지각에서 50mg 이상 존재한 적이 없다.

발견 과정

1938년에 무솔리니는 이탈리아에서 유대인이 대학교에서 일자리를 얻을 수 없도록 하는 반유대인법을 통과시켰다. 그러자 당시 미국 캘리포니아의 버클리 연구소에 와 있던 테크네튬의 발견자이자 유대인인 에밀리오 세그레는 미국에 머물기로 결심했다. 85번 원소는 버클리 연구소에서 인공적으로 발견된 두 번째 원소가 되었다. 세그레는 데일 코슨(Dale Corson), 케네스 매켄지(Kenneth MacKenzie)와 함께 비스무트 금속으로 만든 판에 알파 입자를 퍼부었다. 비스무트는 주기율표에서 아스타틴에서 왼쪽으로 두 집 건너 있기 때문에, 비스무트가 알파 입자를 흡수하면 아스타틴-211이 만들어진다.

　　이 동위원소는 반감기(방사성 붕괴를 거쳐 샘플이 반으로 줄어드는 시간)가 약 7.5시간이다. 아스타틴-210은 아스타틴 동위원소 가운데 가장 안정적이지만 반감기는 고작 8.1시간 정도다. 이 원소의 원자량과 성질은 주기율표에서 아이오딘의 바로 아래라는 위치에 잘 들어맞는다. 이 원소의 이름은 그리스어로

세그레는 테크네튬과 아스타틴을 발견했지만, 동시에 아원자 입자인 반양성자도 발견했다. 세그레는 1959년에 노벨 물리학상을 받았다.

불안정하다는 뜻을 지닌 'astatos'에서 왔다.

쓰임새

이 원소는 앞으로 암 치료나 검진용 영상 등 의학 분야에 사용될 것이다. ^{211}At이 붕괴할 때 방출된 알파 입자는 소규모 암세포를 공격하는 방사선 치료에 적합하다. 미세한 이차 붕괴 연쇄 반응은 엑스선을 방출함으로써 몸속에 아스타틴이 어디 있는지 추적할 수 있다.

비활성기체

멘델레예프는 화학 반응으로 나타나는 주기율표의 흐름에 주목했다. 그래서 멘델레예프는 반응성이 없는 18족 비활성기체들은 예측하지 못했다.

고고한 원소들

비활성기체는 모든 전자껍질이 꽉 차 있어서 다른 원소의 원자 또는 자기와 비슷한 원자와 반응하려 하지 않는다. 그 결과 이 원소들은 각각 표준 온도와 기압에서 단원자 기체로 존재한다. 이들 원소는 고고한 기체라고도 불리는데, 화학 결합의 측면에서 보면 평민들과 떨어져 지냈던 귀족과 비슷하기 때문이다.

희유 기체

비활성기체들은 아르곤을 제외하면 대기권에서 소량으로 존재하며 액체 공기에서만 추출할 수 있다. 폴란드 과학자 지그문트 플로렌티 우로블레프스키(Zygmunt Florenty Wróblevsky)와 카롤 올셰프스키(Karol Olszewski)는 1883년에 액체 공기를 만들었다. 이들은 기체를 압축한 다음 뜨거워진 공기를 상온까지 식히고, 다른 용기에 옮겨 온도를 더 낮추는 과정을 반복했다. 이 기술은 윌리엄 햄프슨(William Hampson)과 카를 폰 린데(Carl von Linde)가 개발했으며, 1895년에 특허를 받았다. 햄프슨은 윌리엄 램지와 모리스 트래버스(Morris Travers)가 모았던 아르곤을 18L(리터) 액화시키기도 했다.

색이 화려한 기체

비활성기체들은 방전관 안에 넣으면 독특한 색깔의 빛을 낸다. 이렇듯 선명한 색깔을 내며 화학적으로 안정적이기 때문에 비활성기체는 모든 전기 조명에 완벽한 재료가 된다.

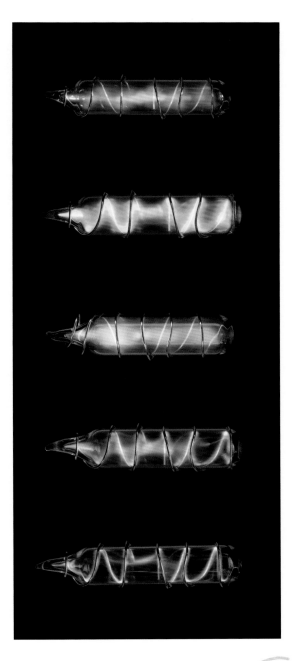

비활성기체에 큰 전류를 방전시키면 스펙트럼상의 독특한 자기만의 색을 방출한다.
위에서부터: 헬륨, 네온, 아르곤, 크립톤, 제논.

아르곤
최초의 비활성기체

아르곤
18

원자번호:	18
원자량:	39.948
존재 비율:	3.5mg/kg
반지름:	71pm
녹는점:	−189℃
끓는점:	−186℃
전자 배치:	(Ne) 3s² 3p⁶
발견:	1894년, 레일리 경, W. 램지

아르곤은 비활성기체 가운데 가장 풍부하며, 가장 먼저 발견되었다.

발견

아르곤이 발견되고 얼마 지나지 않아 흥미로운 결과가 나왔다. 공기에서 추출한 질소 기체와 암모니아에서 추출한 질소 기체 사이에 0.5%의 미묘한 밀도 차이가 있었던 것이다. 이 결과를 보고 1785년에 헨리 캐번디시는 공기 중에 아직 알려지지 않은 또 다른 기체가 존재할 것이라 추정했다. 이 추론은 1894년에야 레일리 경(Lord Rayleigh)과 윌리엄 램지가 증명했다. 이들은 뜨거운 구리에 공기를 통과시켰고, 이에 따라 산화구리가 만들어지면서 공기에서 산소가 제거되었다. 그 다음에 뜨거운 마그네슘 조각에 이 공기를 통과시켜 질소도 제거했다. 마그네슘은 질소와 반응해 질화마그네슘을 형성하는 몇 안 되는 금속이다.

이들은 이렇게 얻은 순수한 공기를 산소 기체가 들어 있는 방전상자에 넣어 순환시켰다. 그러면 남아 있는 기체가 산소와 반응했다. 예컨대 빛을 번쩍 비추면 질소는 산소와 결합한다. 이 산화물은 약한 염기성 용액을 흘려 공기 중에서 제거할 수 있다. 여분의 산소는 뜨거운 구리와 반응시킨다. 이 과정을 약간씩 변형해 반복한 결과 레일리와 램지는 소량의 기체를 추출했다. 이 기체를 분리하기 위해 얇은 막에 통과시킬 때 확산 속도가 서로 다르다는 점을 이용했는데,

아르곤은 무거운 원소들의 방사능 붕괴 과정의 마지막 종착역이다. 그렇기에 비활성기체 가운데 가장 풍부하다. 예컨대 칼륨-40 동위원소는 붕괴해서 반응 시간의 11% 동안 더 안정적인 아르곤-40이 된다.

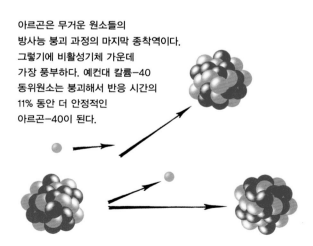

이것을 확산 분리법이라 한다. 두 사람은 밀도를 확인한 결과 방금 얻은 샘플에 불순물이 섞였다는 사실을 알았다. 스펙트럼선을 확인하니 새로운 원소가 들어 있었다.

흔한 비활성기체

이 기체는 여러 번 화학 반응을 시켰는데도 남아 있었기 때문에 램지와 레일리는 그리스어로 게으르다는 뜻인 'argos'에서 아르곤이라는 이름을 붙였다. 나중에 이 게으른 원소는 우리를 둘러싼 공기의 1%를 차지하며 비활성기체 가운데 가장 흔하다는 사실이 밝혀졌다. 대부분은 ^{40}Ar(99.6%) 형태이지만, ^{36}Ar(0.34%)과 ^{38}Ar(0.06%)도 소량 존재한다. 이처럼 아르곤이 상대적으로 풍부한 이유는 암석에 자연 그대로 존재하는 ^{40}K(반감기가 1.25×10^9년)이 반응 시간의 11% 동안 전자 포획을 거쳐 안정적인 ^{40}Ar으로 바뀌기 때문이다. 나머지 89% 동안에는 베타 붕괴를 거쳐 방사능을 가진 ^{40}Ca이 된다. 지구물리학자들은 바위에 들어 있는 아르곤 기체의 양을 측정해서 암석의 나이를 알아내는데, 이것을 칼륨–아르곤 연대측정법이라 한다.

이처럼 ^{40}Ar은 방사능 붕괴를 거쳐 풍부하게 생성되므로 지구에서 아르곤의 원자량은 주기율표에서 바로 뒤에 있는 칼륨보다 크다. 아르곤이 처음 발견되었을 때는 이 점이 수수께끼였지만 나중에 헨리 모즐리가 원자번호 개념을 도입하면서 그 이유를 설명했다.

우주에서 희귀한 원소

방사성 칼륨이 없는 곳에서 아르곤은 각 동위원소가 차지하는 비율이 달라진다. 예컨대 별의 중심에서 만들어진 아르곤은 ^{36}Ar 동위원소가 훨씬 많다. 또 관측 결과에 따르면 태양풍의 다른 입자들과 함께 태양에서 방출된 아르곤 속에는 이 동위원소가 84.6%를 차지한다.

태양계의 거대 행성들의 바깥쪽 차가운 기체에서는 아르곤 동위원소 가운데 ^{40}Ar의 비율이 가장 적다. 대신에 별에서 만들어진 ^{36}Ar이 약 8400배 더 많다. 한편 바위로 가득한 화성의 대기에는 ^{40}Ar이 전

체 대기의 1.6% 정도인데 이 함량은 지구와 비슷하다. 1973년에 매리너 탐사기는 수성의 희박한 대기 가운데 70%가 아르곤이라는 걸 밝혀냈다. 행성 표면의 암석에서 방사능 붕괴가 일어나며 방출되었기 때문일 것이다.

느긋하지만 쓸모 많아

매년 약 70만 톤의 아르곤 기체가 추출되는데, 전부 공기를 액화시켜 얻는다. 아르곤은 어떤 제품을 공기 중의 기체와 반응시키지 않으려 할 때 산업용으로 사용된다. 예컨대 알루미늄 아크용접은 1분마다 20~30리터의 아르곤 기체가 나와 금속에 흐르는 큰 전류를 감싼다.

아르곤은 공기보다 효율이 높은 단열재라서 이중 유리창의 유리판 사이 빈틈에 들어가는 경우가 많다. 또 잘 알려지지 않았지만, 양계장에서도 쓰인다. 아르곤 기체는 공기 중의 다른 성분보다 무거워 낮게 깔리면서 동물의 폐를 채워 기절시킨다. 덜 잔인한 도축 방식이다. 아르곤이 닭의 몸속에 들어가면 고기의 유통기한이 늘어나는 효과도 있다. 산소가 부족해 세균이 호흡하거나 자랄 수 없기 때문이다.

반응성이 부족한 아르곤 기체는 미그 용접(불활성 금속 아크 용접) 과정에서 전극을 둘러싼다. 그러면 용접하는 금속이 공기 중의 산소와 반응하지 못하게 막을 수 있다.

네온

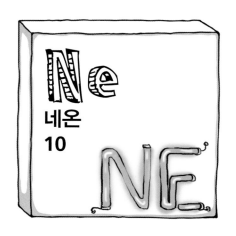

원자번호:	10
원자량:	20.1797
존재 비율:	0.005mg/kg
반지름:	자료 없음
녹는점:	−249℃
끓는점:	−246℃
전자 배치:	(He) 2s² 2p⁶
발견:	1898년, W. 램지, M. 트래버스

네온은 윌리엄 램지와 모리스 트래버스가 1898년 5~6월 사이에 발견한 두 번째 비활성기체다. 이들은 액화시킨 공기를 데우면 끓는 과정에서 각자 다른 온도에서 여러 기체가 뿜어 나오는 분별 증류법을 활용했다.

아르곤과 비슷한

분별 증류해서 얻은 기체에 전기를 흘리자 독특한 붉은색 빛이 나왔다. 이것은 확실히 새로운 원소였다. '네온'은 그리스어로 새롭다는 뜻인 'neos'에서 따온 것이다. 이 원소에서 나오는 붉은빛은 조명 업계에 혁신을 일으켰다. 20세기 초반에 조르주 클로드(Georges Claude)는 레르리키드라는 회사를 세워 네온 가스를 대량으로 생산하다가 1910년에 이 기체를 조명에 활용했다. 조명으로 사용하는 튜브를 구부려 글자를 만든 네온사인은 곧 로스앤젤레스의 자동차 영업소에 판매되어 걸렸다. 사람들은 눈길을 사로잡는 네온사인으로 자기들 상품을 광고하겠다고 달려들었다.

중요한 역할

비슷한 시기에 영국의 J. J. 톰슨은 이온과 전자기장으로 실험을 하는 중이었다. 톰슨은 크룩스관이라는 도구를 사용해 원자에서 전자를 떼냈고, 그렇게 만들어진 이온을 전자기장 안에서 굴절시켰다. 이때 특정 전자기장에서 굴절된 이온의 양은 원자량에 따라 달라졌다.

톰슨은 사진 건판에 나타난 2개의 얼룩을 비교했는데, 네온의 원자량과 비슷했다. 그 결과 톰슨은 네온 기체 안의 몇몇 원자들이 가만히 머무른 상태의 원자보다 무겁다는 결론을 내렸다. 톰슨의 관찰은 네온에 ²⁰Ne과 ²²Ne라는 안정적인 동위원소가 존재한다는 첫 번째 증거가 되었다.

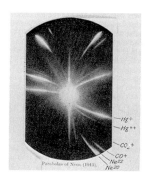

J. J. 톰슨은 네온 기체가 안정적인 동위원소를 여럿 가진다는 첫 번째 증거를 내놓았다.

크립톤

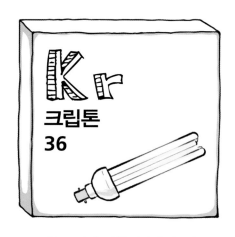

원자번호:	36
원자량:	83.798
존재 비율:	1×10^{-4}mg/kg
반지름:	자료 없음
녹는점:	−157℃
끓는점:	−153℃
전자 배치:	(Ar) $3d^{10}$ $4s^2$ $4p^6$
발견:	1898년, W. 램지, M. 트래버스

크립톤 역시 비활성기체다. 이 기체는 산소와 반응하지 않아서 크립토나이트를 만들지는 못한다. 나중에 크립톤이 플루오린과 수소와 반응할 수 있다는 사실이 밝혀졌지만, 자외선으로 분해된 이후에 무척 높은 압력과 낮은 온도를 가해야 한다.

크립톤은 산소와 반응하지 않는다. 따라서 크립토나이트는 실제로 존재하지 않는다.

어떻게 발견했을까?

"윌리엄 햄프슨 박사의 호의 덕분에 우리는 액체공기 750세제곱센티미터를 제공받았다. 그중 10세제곱센티미터가 증발해 사라졌지만, 새로 얻은 26.2세제곱센티미터의 기체는 아르곤의 스펙트럼을 희미하게 나타냈고, 동시에 지금껏 한 번도 관찰되지 않은 스펙트럼 역시 나타냈다."

윌리엄 램지와 모리스 트래버스는 "이 원소를 '크립톤(krypton)'으로 부르자고 제안하려 한다."라고 썼다. 그리스어로 '숨겨진'이라는 뜻의 단어였다. 이 기체는 방전관 안에서 전기를 흘려보내면 희끄무레한 빛을 냈다. 오늘날 다양한 스펙트럼의 빛을 내는 이 기체는 사진을 찍을 때 사용하는 고급 조명이나 소형 형광 전구에 조금씩 들어간다.

탐지와 측정

크립톤은 대기 중에 겨우 1ppm 정도 들어 있다. 핵 연료를 재처리하는 과정에서 방사능이 있는 ^{85}Kr 동위원소가 부산물로 나오므로 비밀스러운 핵 관련 연구를 탐지하는 데 쓰인다. 2000년대 초반 파키스탄과 북한에서 무기를 제조할 만한 수준의 플루토늄 생산 시설이 발견되기도 했다.

1960년 국제도량형총회에서는 1m(미터)를 크립톤−86 동위원소에서 방출되는 빛 파장의 1,650,763.73배라고 정의했었다. 이 정의는 1983년 10월에 바뀌었으며, 오늘날에는 진공 상태에서 빛이 1/299,792,458초 동안 지나는 거리를 1m라고 정의한다.

제논
낯선 원소의 반응

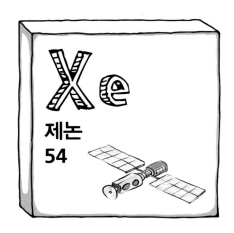

원자번호:	54
원자량:	131.293
존재 비율:	$3×10^{-5}$mg/kg
반지름:	자료 없음
녹는점:	−112℃
끓는점:	−108℃
전자 배치:	(Kr) $4d^{10}\ 5s^2\ 5p^6$
발견:	1898년, W. 램지, M. 트래버스

윌리엄 램지와 모리스 트래버스는 공기에서 추출한 18리터의 '아르곤'을 액화시켜 54번 원소를 얻는 데 성공했다. 그들은 그리스어로 낯선 이방인을 뜻하는 'xenos'에서 따와 이름을 제논(xenon)이라고 지었다.

두 사람은 다음과 같은 글을 남겼다. "제논은 분리하기 쉽다. 끓는점이 무척 높아서 다른 기체들이 다 증발하고 사라진 뒤에도 남아 있기 때문이다." 이 기체는 독특한 푸른색 스펙트럼선으로 확인할 수 있는데, 방전관에 이 기체를 넣으면 독특한 빛을 낸다. 램지와 트래버스는 이런 기록도 남겼다. "제논은 무척 적은 양으로만 존재하는 것 같다." 실제로도 제논은 대기 중에 0.08ppm 미만으로 존재한다. 이런 희소성 때문에 제논은 무척 귀하며 몸값도 비싸다.

한낮의 태양빛
제논은 다른 비활성기체와 마찬가지로 전기 방전등에 사용된다. 높은 압력을 가한 제논 램프는 한낮의 태양과 비슷한 빛의 스펙트럼을 만들어낸다. 이 빛은 무척 밝은 편이다. 오늘날에는 제논을 표준 영사기나 아이맥스, 디지털 영사기를 비롯해 군대의 고급 조명에 사용한다.

제논 기체는 꽤 비싸지만 재활용 신기술이 개발되면서 병원에서도 싼 값에 사용할 수 있게 되었다. 병원에서는 수술에 들어갈 환자들을 마취하는 용도로 이 기체를 활용한다.

마취제

제논은 생물체에서 세포 안팎으로 이온이 드나들게 하는 여러 수용체와 채널을 방해하기 때문에 효과적인 마취제 역할을 한다. 이 기능을 인간에게 처음 사용한 것은 1940년대였지만 제논을 재생하고 재활용하는 기술이 발전된 오늘날에 이르러서야 합리적인 가격에 이 원소를 사용하게 되었다.

공상 과학

제논은 이온 추진기에도 사용된다. 우주선 추진 시스템은 이 기체를 이온화한 다음 전자기장을 가로지르며 속도를 높인다. 제논은 원자가 무겁기 때문에 원자량도 커서 우주선의 뒤쪽으로 분사된다.

최후의 반응

캐나다의 브리티시컬럼비아 대학교에서 가르치던 영국 출신의 닐 바틀릿(Neil Bartlett)은 비활성기체에 관한 기존의 개념을 바꾸었다. 바틀릿이 가르치던 박사 과정 학생 한 명이 육플루오린화백금(PtF_6) 기체로 산소 원자에서 전자를 떼어내 이온염을 만든 것이 계기였다. 산소는 자기의 전자를 꽉 붙들어 이온화 에너지가 높기 때문에 이것은 꽤 놀라운 결과였다. 바틀릿은 주기율표를 샅샅이 뒤져 전자를 붙드는 힘이 비슷한 원소를 하나 찾았는데, 그것이 바로 제논이었다.

그 뒤로 바틀릿은 PtF_6을 채운 유리관 각각에 제논 기체를 섞는 장치를 만들었다. 자석이 하나 올라갔다가 떨어지면서 얇은 유리관을 깨면 제논이 섞여 들어가는 방식이었다. 진한 붉은색의 PtF_6 기체가 색이 없는 제논과 섞이며 시간이 지나자 오렌지색 고체가 만들어졌다. 이것은 제논 육플루오린화백금산염이었는데, 비활성기체를 포함하고 있는 최초의 화합물이었다. 이전까지만 해도 비활성화기체는 그 무엇과도 반응하지 않는다고 알려져 있었다. 1962년의 이 실험 이후로 제논은 다른 물질과 반응해 여러 화합물을 형성했으며, 크립톤과 아르곤 같은 다른 비활성기체도 반응한다는 사실이 알려졌다. 2000년에 미국화학협회는 바틀릿의 실험을 20세기의 주요한 화학 실험 10가지 가운데 하나로 뽑았다.

반응 전과 후를 나타낸 이 그림은 닐 바틀릿이 했던 중요한 실험을 보여준다. 바틀릿은 진한 붉은색의 육플루오린화백금을 제논과 반응시켜 오렌지색의 제논 육플루오린화백금산염을 만들어냈다. 이것은 비활성기체로 화합물을 만든 최초의 사례였다.

라돈

원자번호:	86
원자량:	(222)
존재 비율:	4×10^{-13}mg/kg
반지름:	자료 없음
녹는점:	−71℃
끓는점:	−62℃
전자 배치:	(Xe) $4f^{14}$ $5d^{10}$ $6s^2$ $6p^6$
발견:	1900년, F. E. 도른

머리 위로 비처럼 떨어지는 우주선(cosmic rays)부터 발아래 암석을 이루는 무거운 원소의 방사성 붕괴까지, 우리를 둘러싼 방사선은 매우 다양하다. 병원에서 치료를 받거나 산업적으로 약간의 방사선을 쐬는 경우도 있다. 하지만 라돈 기체의 방사선은 이보다 훨씬 강력하다.

라돈은 자연 방사선을 합친 것보다 훨씬 강한 방사선을 내보낸다. 이 기체는 색이 없다. 우라늄 함량이 높은 암석이 그 지역에 많으면, 이 기체가 건물 지하실에 쌓이기도 한다. 위험성을 측정하려면 탐지기를 설치해야 한다.

자연 그대로 방출되는 방사성 라돈 때문에 DNA가 파손되는 현상은 지구에 생명체가 진화하는 데 필수적인 역할을 담당했다.

셋이 하나로 합쳐지다

1900년에 독일 물리학자 프리드리히 에른스트 도른 (Friedrich Ernst Dorn)은 라듐 화합물이 방사성 기체를 방출한다는 사실을 깨닫고 이 현상을 '라듐 방사'라 불렀다. 1899년에는 토륨 화합물에서, 1903년에는 악티늄 화합물에서 방사성 기체가 방출되는 비슷한 현상이 관찰되었다. 각각 라돈, 토론, 악톤이라고 불렸던 이 세 기체는 나중에 같은 원소의 동위원소들이라는 사실이 알려졌다. IUPAC는 원자번호가 86인 이 원소에 수명이 가장 긴 동위원소의 이름을 붙이기로 했고, 도른이 발견한 라돈(오늘날에는 동위원소 ^{222}Rn 라 불린다)이 원소의 이름으로 이어졌다.

진화

방사선은 DNA 분자의 결합을 깨는데, 그러면 이 분자가 다시 결합하는 과정에서 예전과 다르게 배열될 가능성이 생긴다. 이때 암을 일으킬 수도 있지만 반대로 생물체에 도움이 되는 특성이 생기기도 한다. 이득을 얻은 개체들은 더 오래 살아남았고, 그 유전자는 후대에 더 많이 전해졌다. 이렇듯 주기적으로 DNA가 파괴되고 수선되지 않았다면, 복잡한 생명체가 진화하는 데 시간이 훨씬 더 많이 걸렸을 것이다.

란타넘족 원소
그렇게 드물지 않은 토금속들

주기율표에서 6주기를 보면 2족의 바륨에서 4족의 하프늄 사이에 원자번호가 붕 뜨는 지점이 있다. 이럴 때 보통의 주기율표 배치에서는 큰 주기율표의 아래쪽에 따로 정리된 작은 표를 찾으면 된다. 원소 15개씩 두 줄로 이뤄진 표다. 이 란타넘족 원소와 악티늄족 원소들은 마치 독자적인 주기율표인 듯하지만, 원래 주기율표의 원소들과 동일한 패턴을 따른다.

채워진 전자들

대각선으로 전자껍질을 채워가는 마델룽의 규칙에 따르면, 5주기의 원소들은 먼저 5s 오비탈을 채우고 4d를 채운 다음, 마지막으로 5p 오비탈을 채운다. 하지만 6주기로 넘어가면 6s 오비탈을 채운 뒤 4f라는 새로운 유형의 오비탈이 뒤따른다. f 오비탈은 고차 진동을 하며 $2 \times (2 \times 3 + 1) = 14$개의 전자를 포함한다 (22쪽, '원자의 양자물리학' 참고).

주기율표의 종류에 따라서는 2족과 3족 사이를 벌려 놓고 그 자리에 이 f—블록 원소들을 배치하기도 한다. 원자의 양자 구조를 생각하면 이런 형태의 주기율표가 더 정확하다. 하지만 이렇게 하려면 원소가 총 32족으로 확장되기 때문에 주기율표의 폭이 꽤 넓어

질 것이다. 보통의 주기율표에서는 이렇게 하는 대신 18족으로 정리하고 f—블록을 아래에 따로 빼놓는다.

한데 뭉치기

4f와 5d 오비탈은 에너지 수준이 비슷해서 란타넘족 원소 안에서는 구별하기 힘들 정도로 겹쳐 있다. 그에 따라 앞서 살핀 전자 배치의 원리가 깨어지는데, 몇몇 원소는 4f 대신에 5d 오비탈에 전자를 채워 넣기도 하기 때문이다. 이렇듯 새로 뭉쳐 만들어진 오비탈 때문에 이들 원소는 다른 원소들과 화학적 성질이 무척 다르다. 이 원소들은 결합을 형성하는 원자가전자들 때문에 다른 원소들보다 유연한 편이다.

이때 f—블록에서 첫 번째 가로줄의 원소들은 맨

s—블록

H	He
Li	Be
Na	Mg
K	Ca
Rb	Sr
Cs	Ba
Fr	Ra

D—블록

Sc	Ti	V	Cr	Mn	Fe	Co	Ni	Cu	Zn
Y	Zr	Nb	Mo	Tc	Ru	Rh	Pd	Ag	Cd
Lu	Rf	Ta	W	Re	Os	Ir	Pt	Au	Hg
Lr	Rf	Db	Sg	Bh	Hs	Mt	Ds	Rg	

P—블록

B	C	N	O	F	Ne
Al	Si	P	S	Cl	Ar
Ga	Ge	As	Se	Br	Kr
In	Sn	Sb	Te	I	Xe
Tl	Pb	Bi	Po	At	Rn

32줄로 확장된 주기율표에서는 f—블록의 란타넘족 원소와 악티늄족 원소를 적당한 자리에 따로 배치한다. 그러면 이들 원소가 새로운 오비탈을 채워나간다는 사실이 잘 드러난다.

F—블록

La	Ce	Pr	Nd	Pm	Sm	Eu	Gd	Tb	Dy	Ho	Er	Tm	Yb
Ac	Th	Pa	U	Np	Pu	Am	Cm	Bk	Cf	Es	Fm	Md	No

앞 원소의 이름을 따서 란타넘족 원소라 부른다. 비록 이 줄의 끄트머리에 자리한 루테튬은 f 오비탈이 꽉 차 있어 그 다음 5d 오비탈을 채우려 하지만, 원소의 화학적 성질이 란타넘족 원소와 비슷하기 때문에 이들과 함께 배치한다.

이 원소들은 무척 드물어 '희토류 금속'이라고도 불린다. 2족의 알칼리 토금속과 화학적 성질이 비슷하다. '토(흙)'라는 말이 붙은 이유는 18세기의 구식 용어가 남아 있기 때문인데, 이 원소들의 산화물이 물에 녹으면 강한 염기성 용액이 된다는 사실을 보여준다. 이처럼 란타넘족 원소들은 2족 원소들과 비슷하게 염기성 용액을 만들어내며 몇몇 다른 성질도 비슷하다.

그렇게 드물지 않은

란타넘에서 시작해 가장 무거운 루테튬까지 이어지는 이 원소들은 존재 비율이 100배까지 차이가 난다. 그 중에서 가장 풍부한 원소는 세륨인데 지각에서 니켈이나 구리만큼 많이 발견된다. 루테튬의 양은 주석과 비슷하다. 란타넘족 원소를 모두 합하면 전이원소의 백금족 금속보다 1000배는 더 풍부하다.

수축

란타넘족 원소는 주기를 따라 오른쪽으로 이동하면서 원자 크기가 줄어드는 현상을 보인다. 루테튬은 란타넘에 비해 원자 크기가 25% 더 작다. '란타넘족 수축'이라 불리는 이런 현상 때문에 주기율표에서 3주기 가로줄의 전이금속은 바로 위 2주기 가로줄의 금속들과 원자 크기가 비슷하다.

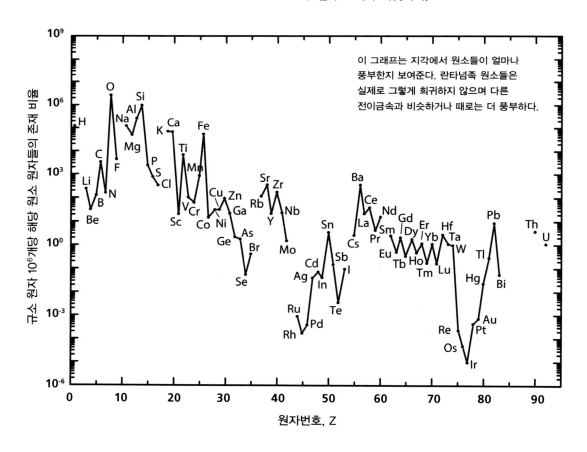

이 그래프는 지각에서 원소들이 얼마나 풍부한지 보여준다. 란타넘족 원소들은 실제로 그렇게 희귀하지 않으며 다른 전이금속과 비슷하거나 때로는 더 풍부하다.

란타넘

원자번호:	57
원자량:	138.90547
존재 비율:	39mg/kg
반지름:	195pm
녹는점:	920℃
끓는점:	3464℃
전자 배치:	(Xe) 5d^1 6s^2
발견:	1838년, C. G. 모산데르

카를 구스타프 모산데르(Carl Gustav Mosander)는 세륨염 샘플에 감춰졌던 새 원소를 발견했다. 마치 숨어 있다가 나타난 것처럼 보였기 때문에 모산데르는 이 원소를 그리스어로 '숨어 있는'이라는 뜻을 가진 'lanthanein'에서 이름을 따 'lantanium'이라 불렀다. 나중에 이 이름은 변형되어 란타넘이 되었다.

열을 가하면 불안정해지는 질산세륨이 분해되어 산화세륨이 되면, 그 잔여물 가운데 40% 정도가 새로운 금속 산화물이다. 이때 약한 산 용액을 가하면 산화세륨은 녹지 않으며 새로운 산화물 용액이 남는다.

어디에나 조금씩 보이는
란타넘은 생산 비용이 덜 들어서 다른 여러 원소를 뒷받침하는 경우가 많다. 예컨대 철이나 강철에 란타넘을 소량 섞으면 이들 재료가 잘 부러지지 않는다. 또 텅스텐 용접봉에 란타넘을 조금 넣으면 내구성이 높아진다. 라이터에 불꽃을 일게 하는 미슈메탈(희토류 금속으로 된 합금)에도 쓰인다.

반짝이는 원소
빛은 대기 중에서 어떤 물질 속으로 들어가면서 속도가 줄어들고 방향도 꺾인다. 이렇듯 속도가 줄어들거나 방향이 바뀌는 정도를 해당 물질의 굴절률이라 하

란타넘은 밀도가 높기 때문에 렌즈를 만들 때 유리에 이 원소를 더하면 굴절률(빛을 구부리고 한데 모으는 힘)이 높아진다.

며, 굴절률은 물질의 밀도에 따라 달라진다. 밀도가 높은 물질은 빛이 지나가는 동안 더 많은 전자를 지나쳐야 하므로 빛의 속도를 늦춘다. 그래서 밀도가 높은 금속을 유리에 더하면 유리의 굴절률이 높아진다. 굴절률이 높으면 빛이 더 많이 꺾여 빛을 더욱 효율적으로 한데 모을 수 있다. 이처럼 란타넘을 유리에 넣으면 빛을 집중시키는 능력이 더 좋아지지만 수차가 생긴다. 납 크리스털 유리처럼 빛이 다양한 색깔로 나뉘는 것이다. 란타넘 유리는 사진기나 망원경 렌즈에 사용된다.

세륨

원자번호:	58
원자량:	140.116
존재 비율:	66.5mg/kg
반지름:	185pm
녹는점:	795℃
끓는점:	3443℃
전자 배치:	(Xe) 4f¹ 5d¹ 6s²
발견:	1803년, J. J. 베르셀리우스, W. 히싱어

세륨은 지각에서 가장 흔한 란타넘족 원소이며, 주로 산화세륨(ceria) 형태로 이용된다. 옌스 야코브 베르셀리우스와 빌헬름 히싱어(Wilhelm Hisinger)가 1803년에 발견했다. 이 원소의 이름은 그 무렵 발견된 왜소행성 세레스에서 따온 것이다. 세레스는 로마 신화 속 농업의 신 이름이다.

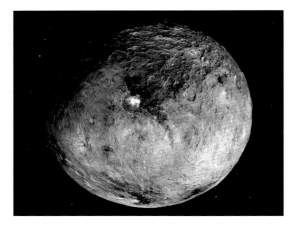

왜소행성 세레스의 위색(false color) 위성 사진. 세레스는 화성과 목성 궤도 사이의 소행성대에서 가장 큰 천체다.

결함이 있는

이 원소는 산화세륨(IV) 화합물 형태로 주로 사용된다. 화학식이 CeO_2인 이 화합물은 산소 원자가 빠져 나간 자리가 곰보 자국처럼 뚫려 있다. 이 화합물은 세륨 원자 각각이 평균 1.5개의 산소 원자와 연결되는 산화세륨(III)으로 환원될 수 있기 때문이다.

완전 연소

세륨(IV)의 산화물이 세륨(III)의 산화물로 환원되는 반응에서 발생하는 산소는 여러 방식으로 쓰인다. 휘발유나 경유에 이 산화물을 넣으면 탄소를 완전히 연소시킨다. 그러면 엔진이 더 많은 에너지를 낼 수 있으며, 동시에 배기가스에서 독성 일산화탄소의 양을 줄여준다. 이 산화물은 자동 세척 오븐에도 사용된다. 뜨거운 오븐 속 표면에서 음식 찌꺼기를 완전히 타게 만들기 때문이다.

색깔과 윤내기

산화세륨(IV)은 스테인드글라스에서 노란색이나 황금색을 낸다. 또 단단해서 렌즈를 갈거나 윤을 내는 데도 사용된다.

프라세오디뮴

Pr
프라세오디뮴
59

원자번호:	59
원자량:	140.9077
존재 비율:	9.2mg/kg
반지름:	185pm
녹는점:	935℃
끓는점:	3520℃
전자 배치:	(Xe) $4f^3$ $6s^2$
발견:	1885년, A. 폰 벨스바흐

그리스어로 쌍둥이를 뜻하는 단어 'didymos'에서 온 디디뮴은 다른 란타넘족 원소에 비해 잘 분리되지 않는 두 원소 쌍에 붙은 이름이었다. 1885년에 로버트 분젠의 제자 카를 아우어 폰 벨스바흐 (Carl Auer von Welsbach)가 이 문제를 해결했다. 디디뮴을 녹색을 띤 쌍둥이 원소 프라세오디뮴과 새로운 원소 네오디뮴으로 분리한 것인데, 두 원소의 불꽃 스펙트럼선은 미세하게 달랐다.

눈 보호

1940년대에 이 쌍둥이 원소는 둘 다 빛을 잘 흡수하는 성질을 갖고 있어서, 유리를 불거나 금속 용접을 할 때의 눈부신 빛을 차단하는 데 쓰였다. 오늘날에도 디디뮴 유리가 들어간 고글은 불필요한 빛을 걸러 내 작업에 집중하고자 하는 현장에서 많이 쓰인다.

느릿느릿한 빛과 차가운 자석

밀도가 높은 프라세오디뮴은 굴절률(143쪽, '란타넘' 참고)이 엄청나게 높아 규산염 유리에 섞으면 투과하는 빛의 속도를 초당 300미터로, 100만분의 1 줄인다. 프라세오디뮴 화합물은 자성이 강한 자석이어서 냉각 속도를 빠르게 하는 장치로도 활용된다. 이 냉각 장치는 절대영도에서 백만 분의 몇 도 더해진, -273℃ 에 가까운 온도로 물질을 냉각시킬 수 있다.

프라세오디뮴과 네오디뮴의 혼합물인 디디뮴은 가시광선 스펙트럼의 상당량을 흡수한다. 그래서 이 혼합물은 용접용 보안경의 완벽한 재료가 된다.

네오디뮴

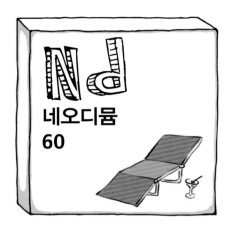

네오디뮴
60

원자번호:	60
원자량:	144.242
존재 비율:	41.5mg/kg
반지름:	185pm
녹는점:	1024℃
끓는점:	3074℃
전자 배치:	(Xe) $4f^4 6s^2$
발견:	1885년, A. 폰 벨스바흐

네오디뮴의 다양한 동위원소는 땅속 여러 깊이에서 발견되었다. 용암 속에서 발견된 네오디뮴의 동위원소들을 살피면 용암이 어떻게 이동했는지 알 수 있다.

지리학자들은 화산 근처에서 발견되는 네오디뮴 동위원소의 편차를 살펴 화산 분출의 규모를 예측한다.

화산 분출 예측

네오디뮴 동위원소의 비율 면에서, 대규모의 화산 분출은 소규모 분출과 크게 다르다. 대규모 분출 때 나오는 내용물은 지각이 아니라 깊은 안쪽 맨틀과 더 비슷하다. 지구물리학자들은 용암 속 네오디뮴 동위원소로 화산 분출의 규모와 크기를 예측한다.

커다란 레이저

네오디뮴을 다른 원소의 결정체에 소량 첨가하면 가장 강력한 레이저를 만드는 재료가 된다. 이 재료는 근적외선을 방출하며, 전 세계 핵무기 관련 기관에서 핵폭발 내부에 발생하는 엄청난 열과 압력을 재현하는 데 사용된다. 또한 네오디뮴 레이저는 레이저 유도 핵융합로의 시험 융합 반응을 개시하는 데도 사용된다. 이 기술로 고갈되지 않고 환경을 오염시키지 않는 깨끗한 에너지를 얻을 수 있을 것이다.

조그만 자석들

네오디뮴의 합금 $Nd_2Fe_{14}B$는 알려진 영구자석 가운데 가장 강력해서 자기력에 의존하는 장비들을 소형화하는 데 기여할 수 있다. 기타 픽업이나 이어폰, 컴퓨터의 하드드라이브 등에도 이 자석이 쓰인다. 네오디뮴 합금은 고온에서는 자기력을 지속하지 못하기 때문에, 쓰임새가 제한적이다. 그렇긴 해도 전기 하이브리드 차량과 깨끗한 재생 전기를 생산하는 영구자석 풍력 발전 터빈이 확산되면서 점차 많이 쓰이는 추세다.

프로메튬

Pm
프로메튬
61

원자번호:	61
원자량:	(145)
존재 비율:	2×10^{-19}mg/kg
반지름:	185pm
녹는점:	1042℃
끓는점:	3000℃
전자 배치:	(Xe) $4f^5\ 6s^2$
발견:	1945년, J. A. 마린스키, L. E. 글렌데닌, C. D. 코엘

원자번호 83번 이하의 원소 가운데 안정적인 동위원소를 갖지 못한 원소는 둘뿐이다. 바로 테크네튬과 프로메튬이다. 프로메튬은 그 존재를 둘러싸고 혼란을 일으켰는데 여러 번의 실패 끝에 겨우 발견되었다.

빠진 원소

1914년에 헨리 모즐리가 제안한 원자번호 개념에 따르면 61번 원소가 존재해야 했다. 원자 속 양성자의 수에 따라 원소들을 배열하면 60번과 62번 원소 사이가 확실히 비어 있었기 때문이다. 그러다가 1926년에 이탈리아와 미국의 연구팀이 각각 희토류 광물에서 이 원소를 분리했다고 주장했다.

플로렌튬과 일리늄

이탈리아 연구팀은 우선권이 자기들에게 있다고 주장하며 작업을 진행했던 도시 피렌체의 이름을 따 원소의 이름을 플로렌튬으로 짓고자 했고, 미국 연구팀은 연구소가 자리한 일리노이 대학교의 이름을 따서 일리늄이라 짓고자 했다. 양쪽 연구팀은 각자 독특한 스펙트럼선을 검출했다고 주장했지만, 이 스펙트럼선은 새로운 원소에서 나온 것이 아니라 거의 디디뮴으로 구성된 불순물 때문이었다.

미국 뉴욕 록펠러 센터에 서 있는 그리스 신화 속 거인 프로메테우스의 조각상이다.

신들의 불을 훔치다

오크리지국립연구소에서 제이컵 A. 마린스키(Jacob A. Marinsky), 로런스 E. 글렌데닌(Lawrence E. Glendenin), 찰스 D. 코엘(Charles D. Coryell)은 1945년, 플루토늄을 얻고자 우라늄 연료에 방사능을 쪼이던 중 분리된 물질에서 61번 원소를 발견했다. 나중에 원자폭탄의 파괴력을 본 코엘의 아내는 이 원소에 프로메테우스의 이름을 붙이자고 제안했다. 프로메테우스는 그리스 신화에서 신들의 불을 훔쳐 인간에게 준 거인이다.

사마륨

원자번호:	62
원자량:	150.36
존재 비율:	7.05mg/kg
반지름:	185pm
녹는점:	1072℃
끓는점:	1794℃
전자 배치:	(Xe) $4f^6$ $6s^2$
발견:	1879년, P. E. L. 드 부아보드랑

1853년에 스위스의 화학자 장 샤를 갈리사르 드 마리냐크(Jean Charles Galissard de Marignac)는 디디뮴 샘플 속에서 사마륨 스펙트럼선을 발견했다. 하지만 이 원소는 1879년에야 분리할 수 있었다. 사마륨은 란타넘족의 다른 원소들과 화학적 성질이 비슷하며 지질학이나 기술 분야에 활용된다.

연대 추정

지질학자들은 암석의 연대를 추정하기 위해 방사성 동위원소의 원래 양과 붕괴된 양을 비교해 살핀다. 하지만 퇴적암이 변성암으로 바뀌면, 방사성 동위원소가 매장된 층은 배열이 달라진다. 이 과정에서 방사성 동위원소의 원래 양과 붕괴된 양의 비율이 바뀌

사마륨 자석은 온도가 몹시 높은 환경에서도 자기력을 유지한다. 그래서 전자레인지의 마그네트론이라는 마이크로파 관 안에서 쓰일 수 있다.

고, 지질학 연대도 처음으로 돌아간다.

그렇지만 사마륨이나 네오디뮴 동위원소는 이렇게 암석이 변성암으로 바뀌는 데 따른 재배열의 영향을 받지 않는다. 이 원소들은 암석의 연대를 암석의 평균 나이보다 훨씬 뒤로 돌려놓을 수 있다. 예컨대 나사(NASA) 과학자들은 ^{147}Sm과 이 원소가 붕괴되어 만들어진 ^{143}Nd의 양을 비교해 아폴로호 우주비행사들이 달에서 가져온 암석과 지구에 떨어진 운석의 연대를 추정했다.

뜨거운 자석

사마륨 화합물은 고온에서도 자기력을 유지하는 영구 자석을 형성한다. 네오디뮴 자석이 일상에서 광범위하게 쓰이지만, 사마륨 자석도 전자레인지에서 사용하는 마그네트론이나 고급 헤드폰, 마이크로폰, 전자기타 픽업의 성능을 높이는 데 사용된다.

유로퓸

유로퓸
63

원자번호:	63
원자량:	151.964
존재 비율:	2mg/kg
반지름:	185pm
녹는점:	826℃
끓는점:	1529℃
전자 배치:	(Xe) $4f^7 6s^2$
발견:	1901년, E. A. 드마르세

63번 원소는 스펙트럼 지문이 두 번 관찰된 이후, 이 원소의 염도 산출되었다. 이 원소를 발견한 사람은 1901년 외젠-아나톨 드마르세(Eugène-Anatole Demarçay)라는 프랑스의 화학자였다.

영국에서는 윌리엄 크룩스가, 프랑스에서는 폴-에밀 르코크 드 부아보드랑이 이 원소를 발견했다고 주장했지만 두 사람 다 원소를 분리하지 못했다. 역사책에 이름을 올린 사람은 드마르세였다. 이 원소의 이름 '유로퓸'은 '유럽'이라는 단어에서 나왔다.

보이지 않는 빛을 보기
유로퓸은 형석이라는 광물에서 발견되는데 일부 형광을 띤다. 이 성분을 비롯해 빛을 내는 다른 여러 화학물질이 형광 빛을 낸다. 이 원소의 원자들은 자외선을 흡수하고 에너지가 낮은 가시광선(대개 푸른색인)을 다시 방출한다. 유로퓸염은 유로화를 포함한 지폐에 들어간다. 이 성분은 자외선을 쪼이면 푸른색으로 빛나기 때문에 지폐의 위조 여부를 알 수 있다.

흥분한 빛
발광 다이오드(LED) 텔레비전이 나오기 전에 음극선관(CRT) 텔레비전은 인광을 내는(흥분하면 빛을 방출하는) 화학물질을 바른 유리 화면에 전자를 발사했다. 이때 유로퓸을 첨가한 인광 물질만 화면에 충분히 선명한 붉은색을 제공했다. 붉은색 유로퓸은 +2의 산화 상태를, 푸른색 빛을 내는 유로퓸은 +3의 산화 상태를 가진다. 녹색 인광 물질을 포함한 여러 염들은 에너지 절약형 콤팩트 형광 전구(CFL)에서 흰색 빛을 방출하는 데 쓰인다.

유로퓸은 산화 상태가 다양해 구식 브라운관 텔레비전에서 빨간색과 파란색 빛을 만들어내는 데 쓰였다.

가돌리늄

Gd
가돌리늄
64

원자번호:	64
원자량:	157.25
존재 비율:	6.2mg/kg
반지름:	180pm
녹는점:	1312℃
끓는점:	3273℃
전자 배치:	(Xe) $4f^7$ $5d^1$ $6s^2$
발견:	1880년, J. C. G. 드 마리냐크

가돌리늄은 지금까지 소개한 원소 가운데 처음으로 과학자의 이름이 붙은 원소다. 핀란드 화학자이자 지질학자인 요한 가돌린(Johan Gadolin)은 1790년대에 최초로 희토류 원소를 추출해 명성을 얻었다. 하지만 실제로는 거의 1세기가 지난 1880년에 프랑스의 장 샤를 갈리사르 드 마리냐크가 이 원소를 발견했다. 가돌린이라는 성은 히브리어로 '훌륭한'이란 뜻인 'gadol'에서 유래한다.

자성 조작

란타넘족 원소의 한가운데에 자리한 가돌리늄은 4f 오비탈에 짝을 짓지 못한 전자가 무려 7개나 된다. 이 전자들은 다루기가 쉬워 가돌리늄은 엄청난 자성을 띤다. 가돌리늄은 자기공명영상(MRI)에서 조영제로 활용되는데, 장비 안의 커다란 자기장과 상호작용하는 모습이 선명하게 관찰된다. Gd^{3+} 이온은 칼슘 이온 Ca^{2+}와 크기가 비슷하기 때문에 이 이온만 남으면 몸속에서 독소로 작용한다. 하지만 영상을 찍을 환자의 몸에 투여하기 전에 가돌리늄을 다른 복잡한 분자와 결합시키면 이런 문제가 생기지 않는다.

입자물리학 탐색하기

가돌리늄은 주변에 떠다니는 중성자를 잘 포착하며 그 과정에서 독특한 파장의 빛을 방출한다. 일본의 슈퍼카미오칸데 장비는 이 성질을 이용해 중성미자를 더 세밀하게 관찰한다. 기존 장비로는 중성미자 입자가 상호작용하는 모습을 볼 수 없었다. 과학자들은 감지기 속의 물에 가돌리늄염을 첨가해 그동안 보이지 않았던 상호작용을 관측할 수 있기를 바란다.

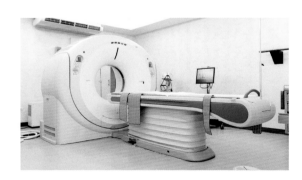

자기공명영상(MRI) 장치는 가돌리늄 자석이 발생시키는 커다란 자기장을 활용해 인체를 영상으로 찍는다.

터븀

원자번호:	65
원자량:	158.9254
존재 비율:	1.2mg/kg
반지름:	175pm
녹는점:	1356℃
끓는점:	3230℃
전자 배치:	(Xe) 4f⁹ 6s²
발견:	1842년, C. G. 모산데르

터븀은 장석이라는 광물에서 발견된 4개 원소 중 하나다. 나머지 3개 원소는 어븀, 이터븀, 이트륨이다. 장석은 스웨덴의 이테르비에서 채굴되었는데 4개 원소의 이름은 모두 이 지명에서 유래했다.

추적하기

몇몇 염에서 발견되는 Tb^{3+} 이온을 통해 터븀은 자극을 받았을 때 독특한 녹색 빛을 방출한다. 이 이온은

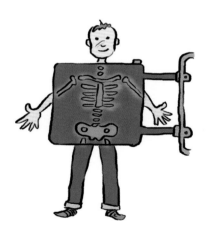

터븀은 엑스선을 가시광선으로 전환하는 활성 엑스선 차단제에도 사용된다. 여기서 터븀은 엑스선 영상을 찍을 때 필요한 노출 시간을 줄여 환자가 받는 방사선량을 줄인다.

음극선관 텔레비전 화면이 사라지면서 점차 용도가 줄어들고 있다(149쪽, '유로퓸' 참고).

생물학 실험실에서는 다양한 분자에 터븀 원자를 붙여 추적자로 활용한다. 이 원자는 자극을 받으면 눈에 띄는 녹색 빛을 낸다. 과학자들은 이 성질을 활용해 화학물질이 몸속 어디에 자리를 잡는지, 어떻게 작동하는지 알 수 있다. 터븀염은 지폐에 첨가되어 위조지폐를 가리는 작업에 활용되기도 한다.

크기의 변화

터븀-디스프로슘-철의 합금인 터페놀-디(Terfenol-D)는 주변 자기장의 규모에 따라 크기를 바꾼다. 자기장이 클수록 합금의 크기는 줄어든다. 해군의 소나 시스템(초음파를 방출하는 탐지 시스템)에 사용되었던 이 합금은 오늘날 자기 센서, 진동 작동기, 음파를 만드는 변환기에 사용된다. 자기 변형 효과를 활용해 미세한 모터를 만들거나, 자동차의 연료 분사 장치를 개선하는 연구도 진행 중이다.

디스프로슘

원자번호:	66
원자량:	162.5
존재 비율:	5.2mg/kg
반지름:	175pm
녹는점:	1407℃
끓는점:	2567℃
전자 배치:	(Xe) $4f^{10}\ 6s^2$
발견:	1886년, P. E. L. 드 부아보드랑

Dy
디스프로슘
66

란타넘족 원소들이 발견되면서 다양한 용액에서 금속 산화물이 잇따라 석출되었다. 1878년에 발견된 어븀 광물 또한 홀뮴과 툴륨의 산화물을 함유했다. 화학자들은 이 자투리 화합물에 다른 불순물이 없는지 샅샅이 살폈다.

얻기 힘든 원소

폴-에밀 르코크 드 부아보드랑의 인내심은 마침내 1886년에 결실을 얻었다. 파리에 있는 자택 난롯가에서 부아보드랑은 홀뮴 산화물을 산성 용액에 녹이는 실험을 하고 있었다. 여기에 암모니아를 조심스레 소량 집어넣자 고체가 석출되었다. 30회에 걸친 반복 작업 끝에 그는 새로운 금속 산화물 샘플을 얻는 데 성공했다. 이 새로운 산화물을 얻는 것이 무척 힘들었기 때문에 부아보드랑은 산화물에 결합된 금속을 '디스프로슘'이라 불렀다. 그리스어로 '얻기 힘든'이라는 뜻을 가진 'dysprositos'에서 따온 이름이다.

방사능에서 보호받기

디스프로슘은 다른 란타넘족 원소와 마찬가지로 여러 쓰임새가 있다. 예를 들어 마그넷 장치, 중성자 포획 장치, 조명 등이다. 황산칼슘이나 플루오린화칼슘 같은 무색 결정에 첨가된 채 방사선 작업 종사자들이 착용하는 안전 선량계에 쓰이기도 한다. 디스프로슘 원자는 대부분의 방사선에 자극을 받아 녹색 빛을 방출한 다음 휴지 상태로 돌아온다. 이 빛은 인화지나 디지털 감지기를 통해 감광되어 드러난다. 이 원리를 통해 방사선 선량계를 착용한 사람은 방사선에 위험한 정도로 노출되지 않았는지 주기적으로 확인할 수 있다.

디스프로슘이 들어 있는 실험실의 방사선 선량계는 이온화 방사선에 얼마나 노출되었는지 추적한다.

홀뮴

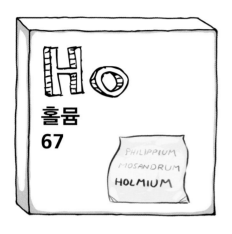

홀뮴
67

원자번호:	67
원자량:	164.9303
존재 비율:	1.3mg/kg
반지름:	175pm
녹는점:	1461℃
끓는점:	2720℃
전자 배치:	(Xe) 4f^{11} 6s^2
발견:	1878년, 클레베, 들라퐁텐, 소레

홀뮴은 최초의 발견자를 둘러싸고 논쟁이 일었던 원소 가운데 하나다. 1878년에 스위스의 마르크 들라퐁텐(Marc Delafontaine)과 루이 소레(Louis Soret)가 제네바에서 스펙트럼 분석법으로 발견했다. 하지만 발견의 공로는 스웨덴의 페르 테오도르 클레베에게 돌아갔는데, 클레베는 스톡홀름의 자기 고향 이름을 따서 원소 이름을 '홀뮴'이라고 지었다.

안정적인 스펙트럼

란타넘족 원소들은 분광기로 관찰하면 특정한 반응을 보인다. 전이금속을 비롯한 다른 원소들의 전자껍질은 결합하면서 원래 모양에서 변형을 일으킨다. 그런데 란타넘족 원소들은 같이 화합물을 형성하는 다른 원자에 좌우되지 않는 것처럼 보인다. 그래서 란타넘족 원소들은 분광기를 다루는 연구자들에게 안정적인 참고 대상이다. 홀뮴은 예전부터 이런 기기의 기준점으로 활용되었는데, 산화물의 스펙트럼이 원소 상태일 때와 거의 동일하기 때문이다.

홀뮴은 살점을 자르는
마이크로파 절단기에 사용된다.

마이크로파 절단기

홀뮴 레이저는 가정용 전자레인지와 거의 비슷한 빛의 파장을 만들어낸다. 물 분자는 이런 전자기 복사를 효과적으로 흡수하는데, 물 분자(H_2O)의 수소-산소 결합을 완벽하게 자극시키기 때문이다. 우리 몸의 부드러운 조직은 대개 물로 이뤄져 있어서 홀뮴 레이저를 사용하면 살점을 잘 자를 수 있다. 홀뮴 레이저는 오차가 1밀리미터 이하로 정확하게 피부를 절개한다. 또 레이저에서 발생하는 열기가 절개된 혈관을 봉합해 저절로 상처를 지지는 이점도 있다. 그래서 오늘날 의학이나 치의학 분야의 다양한 시술에 활용되고 있다.

어븀
인터넷에 꼭 필요한 원소

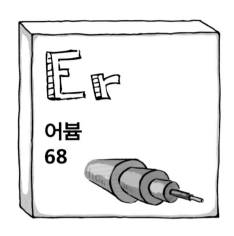

원자번호:	68
원자량:	167.259
존재 비율:	3.5mg/kg
반지름:	175pm
녹는점:	1529℃
끓는점:	2868℃
전자 배치:	(Xe) $4f^{12}$ $6s^2$
발견:	1842년, C. G. 모산데르

란타넘족 원소들의 스펙트럼선은 조금씩 바뀌므로 희토류 원소는 용도가 다양하다. 어븀은 광섬유 통신에 활용되기 때문에 오늘날 특히 필수적인 원소다.

광학 인터넷

빛을 이용해 에너지를 전송하면 전통적인 구리선보다 초당 훨씬 많은 데이터를 옮길 수 있다. 오늘날 빛을 통해 아주 얇은 유리 섬유를 타고 많은 양의 데이터가 전송되는데, 이 빛은 대부분 섬유 안에 갇혀 있다. 마치 물수제비를 뜨듯 섬유의 가장자리에서 빛이 살짝 꺾여 안쪽으로 계속 튕기기 때문이다. 이 과정을 '내부 전반사'라고 부른다.

낮에 하늘이 푸른 이유는 고에너지의 푸른빛이 저에너지의 붉은빛보다 산란이 많이 일어나기 때문이다.

하늘은 왜 푸를까?

빛은 광섬유의 실리카(이산화규소) 결정 속에서 산란해 사라진다. '레일리 산란'이라고 알려진 이 현상은 하늘이 낮에는 푸르고 해가 질 무렵에는 붉은빛이 도는 이유를 설명해준다. 빛 에너지가 커질수록 산란이 더 많이 이뤄진다. 고에너지의 푸른빛은 낮에 햇빛이 비치면 하늘 전체에 걸쳐 더 많이 산란되기 때문에 푸르게 보인다. 그러다가 저녁때 붉은빛이 보이는 이유는 햇빛이 더 직접 우리에게 닿으면서 지평선 너머로 산란되는 푸른빛을 몰아내기 때문이다.

몇몇 짧은 광섬유는 산란으로 잃어버리는 빛의 양을 신경 쓰지 않고 가시광선을 이용하기도 하지만, 거리가 더 길면 에너지가 낮은 근적외선을 이용하는 경우가 많다. 근적외선은 산란되는 양이 많지는 않지만 수 킬로미터에 걸쳐 전송되다 보면 어쩔 수 없이 일부를 잃게 된다. 그렇기에 대륙과 대륙을 가로지르며 전송할 때는 먼저 신호를 증폭해야 한다. 어븀이 등장하는 것은 바로 이 대목이다. 어븀은 귀중한 근적외선 에너지를 흡수하고 방출한다.

증폭되는 빛

어븀이 들어 있는 광섬유의 일부는 고에너지를 가진 빛에 광학적으로 자극을 받는다. 원자들이 들뜬상태에 놓이기 때문이다. 이때 약한 자극이 도착하면 빛 입자인 광자는 어븀 원자를 자극해 낮은 에너지 상태로 떨어뜨린다. 그러면 어븀 원자가 원래 신호와 같은 자극과 방향을 가진 근적외선을 방출한다. 이렇게 증폭된 신호는 전체 과정을 반복하며 수 킬로미터까지 광섬유를 따라 계속 전송된다.

인터넷 시대는 이 기술 덕분에 가능해졌다. 우리는 이 기술을 이용해 오디오, 비디오 파일 같은 큰 데이터를 전 세계에 전송할 수 있다.

어븀은 적외선 카메라 필터에도 쓰이는데, 이 필터는 전문 분야, 주로 천문학 영상에 활용된다.

뒤바뀐 원소들

카를 모산데르는 스승으로부터 관찰 결과를 발표하라는 권유를 받고 1843년에 터븀과 어븀의 발견을 논문으로 출간했다. 하지만 샘플에 불순물이 섞이지 않았는지 의심을 품고 있었다. 나중에 밝혀진 바에 따르면 그의 샘플 2개에 모두 새 원소가 7개, 즉 어븀, 터븀, 이터븀, 스칸듐, 툴륨, 홀뮴, 가돌리늄이 들어 있었다.

운명의 장난인지 분광학자 마르크 들라퐁텐은 어븀과 터븀의 존재를 확인하는 과정에서 순수한 어븀과 터븀 산화물 샘플을 섞고 말았다. 그래서 이때 바뀐 이름은 오늘날까지 이어져 모산데르의 어븀은 터븀이고 터븀은 어븀이다.

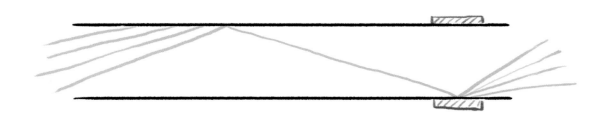

어븀 원자는 광섬유를 따라 지나는 신호를 증폭시킨다.

툴륨

원자번호:	69
원자량:	168.9342
존재 비율:	0.52mg/kg
반지름:	175pm
녹는점:	1545℃
끓는점:	1950℃
전자 배치:	(Xe) 4f^{13} 6s^2
발견:	1879년, P. T. 클레베

뒤에 남은 란타넘족 원소를 살펴보면 '란타넘족 축소' 현상은 점차 느려져 남은 원소들은 원자 크기가 비슷하다. 게다가 화학적 성질도 비슷하고 다른 원소들에 비해 상대적으로 희귀해서 툴륨의 순수한 샘플을 얻는 일은 무척 힘들다.

불굴의 의지

산화툴륨의 독특한 녹색 스펙트럼선이 반짝이며 산화어븀에서 조금씩 분리되자 새로운 원소가 모습을 나타냈다. 1911년, 뚝심 있는 영국 화학자 찰스 제임스(Charles James)는 순수한 툴륨 화합물 샘플을 처음 추출했다. 미국 뉴햄프셔 대학교에서 일하던 제임스는 불순물이 섞인 산화어븀으로부터 브로민산염을 얻는 과정에서 툴륨 특유의 스펙트럼선을 희미하게 관찰했다. 그는 이 브로민산염을 알코올에 녹인 다음, 그 용액에서 색이 있는 화합물 결정체를 추출했다. 그리고 이 브로민산염 결정을 알코올에 다시 녹였으며, 화합물의 스펙트럼선이 더 이상 변하지 않을 때까지

화학자 찰스 제임스는 결정화 반응을 1만 5000번 반복한 결과 마침내 순수한 툴륨 샘플을 얻었다.

무려 1만 5000번이나 같은 과정을 반복했다. 마침내 순수한 샘플을 얻은 다음에야 제임스는 만족했다.

휴대용 엑스선

툴륨은 매년 약 50톤이 채굴되어 분리되는데, 주로 ^{169}Tm 동위원소의 산화물 형태로 발견된다. 이 화합물을 원자로에 집어넣으면 중성자를 포획해 반감기가 128일인 불안정한 ^{170}Tm이 된다.

^{170}Tm은 붕괴해 안정적인 이웃 원소 이터븀(^{170}Yb)으로 바뀌면서 엑스선을 방출한다. 그래서 이 동위원소는 휴대용 방사능 원천으로 활용할 수 있다. ^{170}Tm을 포함한 재료는 사용 가능한 기간이 약 1년이며 이 기간이 지나면 원래 샘플의 약 13%만 남는다. 이 물질은 방사성 붕괴를 거치며 더 안정적인 동위원소로 바뀌므로 다루기도 상대적으로 안전해 납으로 만든 컵에 넣으면 된다. ^{170}Tm은 방사선 치료에 활용되는 4개의 유명한 동위원소 가운데 하나로 치과의사들이 수술할 때 사용한다.

이터븀

원자번호:	70
원자량:	173.045
존재 비율:	3.2mg/kg
반지름:	175pm
녹는점:	824℃
끓는점:	1196℃
전자 배치:	(Xe) 4f^{14} 6s^2
발견:	1878년, J. C. G. 드 마리냐크

이터븀은 1878년에 장 샤를 갈리사르 드 마리냐크가 불순물이 섞인 에르비아 화합물(산화어븀)에서 추출한 원소다. 이 원소의 이름은 스웨덴의 이테르비라는 도시명에서 딴 것이다. 이터븀은 다른 란타넘족 원소와 성질이 조금 다르다.

모든 것을 원하는

란타넘족 원소들은 +3의 산화 상태로 화합물을 이루지만, 이터븀은 +2의 산화 상태로도 존재할 수 있다. 이터븀(II) 화합물은 전자를 기꺼이 다른 곳에 내주고 +3의 산화 상태로 돌아가려 한다. 그렇기 때문에 이 화합물은 강력한 환원제다. 또한 이 화합물은 물 분자에서 산소를 떼내고 수소를 방출시키는 데도 강력한 힘을 발휘한다. 산화 상태가 여럿이라는 점 덕분에 이터븀은 다른 란타넘족 원소들보다 더 나은 촉매다.

압력을 받음

이터븀은 부드럽고 광택이 있는 은색 금속으로 반응성이 높아 공기 중에서 빠르게 변색한다. 표준 조건에서 이 원자는 전기가 잘 통하지만, 압력이 높아지면 전도율이 나빠진다. 이렇듯 전기 저항이 높기 때문에 이터븀은 지진의 규모를 예측하거나 핵폭발 현장 근처의 힘을 측정하는 등 압력이 극도로 높은 곳에서 탐지기로 사용된다.

차이를 무시하는

쓰임새가 특별하지만 매년 정제되는 이터븀은 50톤에 불과하다. 주된 이유는 다른 란타넘족 원소들이 워낙 싸기 때문일 것이다. 이터븀은 유기화학 분야에서 많이 쓰인다.

2011년 3월 20일, 뉴질랜드 크라이스트처치에서는 리히터 규모 약 6.1인 지진이 일어나 도로에 큰 금이 갔다.

루테튬

원자번호:	71
원자량:	174.9668
존재 비율:	0.8mg/kg
반지름:	175pm
녹는점:	1652℃
끓는점:	3402℃
전자 배치:	(Xe) $4f^{14}$ $5d^1$ $6s^2$
발견:	1907년, G. 위르뱅, C. A. 폰 벨스바흐, C. 제임스

L U
루테튬
71

루테튬은 란타넘족 원소 가운데 가장 희귀해서 가장 늦게 발견되었다. 이 원소는 같은 해에 서로 다른 세 명의 과학자가 발견했다.

셋은 많아

1907년 프랑스의 조르주 위르뱅(Georges Urbain)과 오스트리아의 칼 아우어 폰 벨스바흐, 미국의 찰스 제임스는 각각 이 금속의 산화물 샘플을 분리하는 데 성공했다. 벨스바흐보다 조금 일찍 성공한 위르뱅은 제임스보다 1년 앞서 논문을 출간했다. 국제원자량위원회는 위르뱅이 이 원소의 발견자라고 인정했다. 하지만 나중에 위르뱅의 샘플에 불순물인 이트륨이 다량 섞여 있었다는 사실이 알려지면서 첫 발견자를 두고 논란이 생겼다. 벨스바흐와 제임스의 표본에는 불순물이 없었다.

긴 사슬을 나누기

루테튬은 희귀한 데다 추출하기 어려워 값이 비싸기 때문에 전문적인 용도로 쓰인다. 루테튬 산화물은 긴 탄소 사슬을 작은 탄화수소로 잘게 나누는 촉매 작용을 한다. 이 과정은 알켄 산물을 여럿 만드는데, 이것이 나중에 중합 반응을 거쳐 플라스틱이 된다.

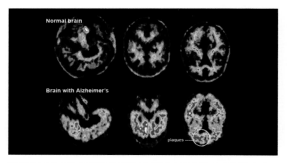

양전자 단층 촬영(PET)을 통해 정상인과 알츠하이머병 환자의 뇌를 비교한 영상이다. 알츠하이머는 치매의 가장 흔한 형태다.

몸속을 들여다보기

루테튬 옥시오르소규산염(LSO)은 양전자 단층 촬영(PET)에서 방출되는 감마선을 감지하는 전자 탐지기의 기초를 이룬다. 몸속에서 양전자를 방출하는 동위원소의 감마선을 루테튬을 함유한 탐지기로 읽어 들여 몸의 3차원 영상을 다시 구축하는 것이다. 이 과정을 통해 뇌 같은 복잡한 조직을 들여다볼 수 있다.

원자폭탄

독일 물리학자 오토 한(Otto Hahn)과 프리츠 슈트라스만(Fritz Strassman), 리제 마이트너(Lise Meitner)는 엔리코 페르미(Enrico Fermi)의 연구를 밀고나갔다. 우라늄에 중성자를 쏘아 더 무거운 원소를 발견하고자 한 것이다. 이들이 발견한 것은 이후 세상을 완전히 바꿔놓았다.

1957년 6월 24일, 37킬로톤의 핵분열 원자폭탄인 XX-10 프리실라가 폭발하자 버섯 모양 구름이 생겨났다. 이 폭발은 플럼밥 작전의 일부였다. 프리실라 폭탄은 기구에 매달려 네바다 사막 200미터 상공에 떠 있다가 폭발했다. 이런 폭발이 이뤄지면 맨 처음에 초우라늄 원소들이 소량으로 만들어진다.

1934년 초 여성 과학자 리제 마이트너는 유대인 핍박이 심해지자 독일을 탈출해 스웨덴 스톡홀름에 자리 잡았다. 이곳에서 마이트너는 한, 슈트라스만과 편지로 연구 결과를 교환하며 1938년에 핵분열 과정을 발견했다. 마이트너는 두 남성 동료가 관찰한 것을 이론으로 설명해주었지만 노벨상위원회는 마이트너의 업적을 인정하지 않았고, 1944년에 오토 한 혼자만 노벨 화학상을 수상했다.

핵분열

마이트너는 핵분열을 무거운 원자핵이 여러 개의 조그만 원자핵으로 분열되는 과정이라고 설명했다. 이 과정에서 산물의 질량이 얼마 되지 않아도 엄청난 에너지가 방출된다. 아인슈타인도 질량(m), 에너지(E), 빛의 속도(c)로 이뤄진 방정식으로 질량−에너지 등가 원리를 설명했다. 유명한 $E = mc^2$이라는 방정식이 그것이다. 이 식에 따르면 작은 질량으로도 어마어마한 에너지가 만들어진다. 빛의 속도를 제곱한 값인 $9 \times 10^{16} m^2/s^2$이 곱해지기 때문이다!

유도하기

이 과정은 자연에서 저절로 일어날 수도 있지만, 한과 슈트라스만이 주장했듯이 중성자를 무거운 핵에 쏘아 인위적으로 유도할 수도 있었다. 예컨대 우라늄 화합물에 중성자를 쏟아붓는 실험을 한 결과 훨씬 가벼운 바륨 원소가 나왔다. 이렇듯 핵분열을 조절해 엄청난 양의 에너지를 방출하면, 그 힘을 이용해 무기를 만드는 것이 이론적으로 가능했다. 1939년에 제2차 세계대전이 터지자 추축국과 연합국은 새로 개발된 과학 지식을 무기로 활용하는 연구에 박차를 가했다.

폭탄 개발

그로부터 1년 반이 지나 영국 연구팀은 미국 연구팀을 앞질렀다. 하지만 1942년 중반이 되자 영국 정부는 예산이 빠듯해 신무기 개발에 드는 막대한 연구비를 댈 수 없었다. 영국과 미국은 동맹국 소련에 알리지 않은 채 공동으로 폭탄을 개발하기로 했다. 곧이어 미국은 '맨해튼 프로젝트'라 알려진 폭탄 개발 프로젝트에 거액을 쏟아부었다. 맨해튼 프로젝트는 그때까지 시도했던 산업 프로젝트 가운데 가장 규모가 컸다. 이 프로젝트를 통해 원자폭탄이 처음으로 현실화되었고 전쟁의 무대에 올랐다.

폭발 물질

분열을 유도하는 중원소들의 동위원소를 핵분열성 물질이라고 부른다. 연구 결과 ^{235}U나 ^{239}Pu가 폭탄 제작에 완벽한 핵분열 물질 후보라는 사실이 밝혀졌다. 무거운 원자핵이 중성자로 자극받으면, 가벼운 딸 원자핵과 더 많은 중성자로 쪼개지면서 다량의 에너지가 나온다. 그러면 방출된 중성자들은 무거운 원자핵

을 더 많이 분열시킬 수 있고 이 과정이 계속 이어진다. 이런 연쇄 반응이 일어난 결과 짧은 시간 안에 엄청난 양의 에너지가 방출되고, 그에 따라 폭발이 일어난다.

점점 커지는

다량의 중성자가 방출되면 핵분열을 유도할 뿐만 아니라 핵이 중성자를 포획할 가능성도 생긴다. 이런 일이 발생하면, 중성자가 풍부한 동위원소는 베타 붕괴 과정에서 우라늄보다 무거운 초우라늄이라는 새로운 원소가 된다. 이때 핵 속의 중성자는 원자에서 전자 하나를 뱉어내며 양성자를 생성한다. 양성자의 수가 변하면 새로운 원소가 된다. 이 과정에서 가벼운 초우라늄 원소가 만들어지는데, 인위적으로 처음 생긴 곳은 원자폭탄의 방사능 낙진 속이었다.

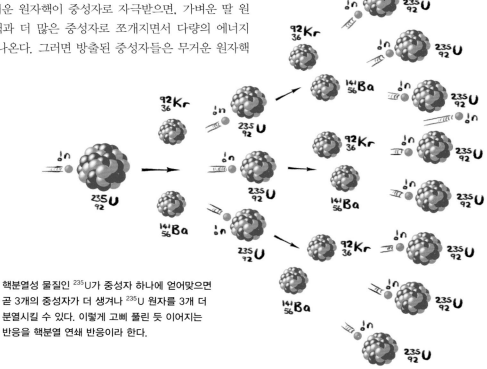

핵분열성 물질인 ^{235}U가 중성자 하나에 얻어맞으면 곧 3개의 중성자가 더 생겨나 ^{235}U 원자를 3개 더 분열시킬 수 있다. 이렇게 고삐 풀린 듯 이어지는 반응을 핵분열 연쇄 반응이라 한다.

입자가속기

자석은 자기장 안에서 밀리거나 끌린다. 전하를 가진 입자 역시 전기장 안에서 밀리거나 끌린다. 입자가 놓인 전기장을 변화시키는 기계를 만들면, 아원자 입자나 이온화된 원자들을 빛의 속도에 가깝게 가속시킬 수 있다.

나선, 원형, 직선

사이클로트론은 고정된 자기장에 둘러싸인 2개의 반원형 튜브 사이의 틈새를 따라 입자를 가속시킨다. 대전된 입자의 속도가 커질수록 입자들이 그리는 원의 반지름도 커진다. 그러다가 입자들은 튜브의 가장자리를 통해 기계에서 빠져나간다. 싱크로트론은 더 큰 에너지를 방출한다. 가속되는 전기장의 진동수를 서로 조절함으로써 대전된 입자들이 계속해서 미는 힘을 받기 때문이다. 입자들이 가속되면 자기장도 바뀌어 입자들은 같은 반지름의 고리 안에서 이동한다. 선형가속기는 싱크로트론과 비슷한 기술을 사용하며 한 번에 모든 과정을 끝내는 기계다. 이 기계는 전기장에 변화를 줘서 입자를 가속시키지만, 충돌하지 않은 입자들을 재활용하지는 않기 때문에 입자들은 충돌에 참여할 기회가 단 한 번뿐이다.

표적 맞추기

이런 기계들은 이온화된 원자들을 가속시키는 데 사용된다. 이온화된 원자는 전자 1~2개가 없는 상태다. 이온들은 움직이지 않는 표적에 세게 부딪히는데, 이 표적은 또 다른 중원소를 포함하고 있다. 충분한 에너지가 공급되면 이온의 원자핵과 움직이지 않는 원자는 충분히 가까워지면서 서로 융합해 하나의 더 큰 원자핵을 이룰 수 있다. 그러면 새로운 원소를 얻는 셈이다. 이온화된 원자와 움직이지 않는 표적을 세심하게 선택해야 새로운 원소를 만들어낼 확률을 높일 수 있다. 이 방법으로 대부분의 초우라늄(우라늄보다 무거운) 원소들이 탄생했다.

간략한 역사

1950년대에 어니스트 로렌스(Ernest Lawrence)가 재량 사이클로트론의 설계도를 완성하면서 싱크로트론이 만들어졌고, 스위스의 유럽입자물리연구소(CERN)에 둘레가 27킬로미터인 대형 강입자 충돌기(LHC)도 만들어졌다. LHC는 2012년에 힉스 입자를 발견하기도 했다. 오늘날에는 기술이 발전하면서 길이가 수십 미터 남짓한 선형 기계로도 주기율표에서 가장 무거운 원소들을 만들어낸다.

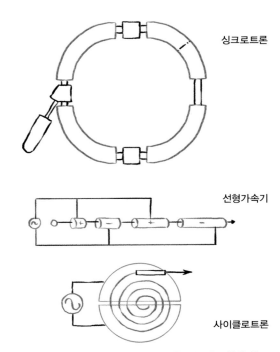

싱크로트론

선형가속기

사이클로트론

전하를 띤 이온화된 원자들을 가속시켜 중원소를 새로 합성하는 데는 여러 기계가 사용된다.

악티늄

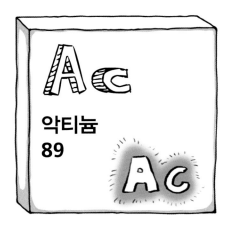

Ac
악티늄
89

원자번호:	89
원자량:	(227)
존재 비율:	5.5×10^{-10}mg/kg
반지름:	195pm
녹는점:	1050℃
끓는점:	3198℃
전자 배치:	(Rn) $6d^1 7s^2$
발견:	1899년, A. L. 드비에른

프랑스의 앙드레 루이 드비에른(André Louis Debierne)은 피에르 퀴리와 마리 퀴리가 라듐을 발견하는 과정에서 남긴 찌꺼기를 걸러 새로운 원소를 발견했다. 드비에른은 1899년에 이 결과를 발표했고, 이 원소가 타이타늄과 비슷하다고 설명했으며 나중에는 토륨과 비슷하다고 여겼다.

이름 짓기 논쟁

드비에른은 방사능이 높은 이 원소에 그리스어로 빛을 의미하는 'aktinos'에서 따와 악티늄이라는 이름을 붙였다. 3년 후 독일 화학자 프리드리히 오스카어 기젤(Friedrich Oskar Giesel)은 드비에른과 비슷한 실험을 해서 이 원소를 발견했다. 기젤은 이 원소가 란타넘과 비슷하다고 여겼으며 방사능이 나오는 성질 때문에 원소의 이름을 '에마늄'이라 지었다.

두 사람이 발견한 물질의 반감기를 세 번에 걸쳐 비교한 결과 드비에른이 더 빨리 발견했기 때문에 발견자로 인정되었다.

반짝이는

악티늄은 고에너지 알파 입자를 내보내는데, 이 입자는 주변 원자에서 전자를 아주 효과적으로 떼어낸다. 그리고 이 전자들이 원자와 다시 결합하는 과정에서 빛의 형태로 에너지를 방출한다.

20세기 초에 셀레늄, 라듐, 악티늄 같이 방사능이 높은 동위원소를 약병에 넣어 상자에 담은 모습이다. 당시에는 방사능이 건강을 관리하는 데 최고로 좋다고 여겼다. 하지만 오늘날에는 무척 위험한 발암 물질이라는 사실이 알려져 있다.

그렇게 쓸모가 많지 않은

악티늄의 동위원소인 ^{277}Ac을 베릴륨과 섞으면 중성자를 내보내는 원천이 된다. 그 성질을 이용해 물을 찾거나 암세포를 죽이고, 화물 속 폭발물을 탐지한다. 또 ^{225}Ac는 위험한 방사선을 다량 방출하기 때문에 암세포를 죽이는 알파선 표적 요법에 활용된다.

토륨
핵을 배제한 미래의 연료

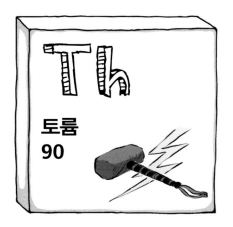

원자번호:	90
원자량:	232.0377
존재 비율:	9.6mg/kg
반지름:	180pm
녹는점:	1842℃
끓는점:	4788℃
전자 배치:	(Rn) 6d^2 7s^2
발견:	1829년, J. 베르셀리우스

베르셀리우스는 1815년에 새로운 원소를 발견했다고 생각했는데, 알고 보니 이트륨 인산염이었다. 그러다 1828년에 토륨을 발견하는 데 성공했다. 스칸디나비아 신화 속 번개의 신의 이름을 딴 토륨은 곧 해가 진 뒤의 세상을 환히 밝히는 데 사용되었다.

하얗게 빛나는

1891년, 오스트리아 화학자 아우어 폰 벨스바흐는 가스등의 뜨거운 열기를 견딜 물질을 찾고 있었다. 마그

토륨이 들어 있는 가스등 맨틀(등의 점화구에 씌우는 그물)은 가스등에서 강한 흰색 불빛이 나오게 한다.

네슘 산화물, 이트륨, 란타넘 산화물로 실험을 한 끝에 토륨 산화물의 녹는점이 무려 3300℃로 금속 산화물 가운데 가장 높다는 사실을 발견했다. 가스등 옆에 놓으면 가열된 토륨 산화물은 강렬한 흰빛을 내뿜는데, 다른 산화물과 비교하면 월등히 훌륭한 물질이었다. 토륨 산화물은 가스등 맨틀에 넣는 재료로 활용되며 어두운 세상을 환하게 밝혔다.

오직 혼자서만

토륨의 동위원소 ^{132}Th는 방사능이 있다. 자연 상태로 존재하는 다른 6개 동위원소는 적은 양이지만 언제든 연쇄 방사성 붕괴 반응의 일부로 존재한다. ^{132}Th 원자가 방사성 붕괴를 통해 원래 양의 절반으로 줄어드는 시간은 오늘날 알려진 우주의 나이보다 길어 140억 5000만 년이나 된다.

원자는 알파 붕괴를 통해 무작위로 바뀔 수 있는데, 알파 붕괴란 헬륨의 핵과 비슷한 알파 입자를 방출하는 과정이다. 이 알파 입자는 강하게 대전되어 있고 크기도 꽤 커서 물질을 뚫고 멀리 이동하지 못한다. 그래서 종이 한 장, 가스등을 둘러싼 유리 정도로도 쉽게 막을 수 있다.

핵연료가 아닌 다른 용도

토륨은 텅스텐과 섞여 아크 용접봉에도 사용된다. 이 용접봉은 엄청난 전류와 열로 금속을 한데 붙인다. 토륨은 텅스텐 금속 결정체의 크기를 키우므로 높은 온도에서도 용접봉을 더 튼튼하게 만들어준다. 토륨이 들어간 가스등 맨틀이나 토륨 처리한 텅스텐 용접봉은 방사성 물질을 값싸고 안전하게 활용하는 사례 중 하나이다.

또 토륨은 고급 카메라나 망원경 렌즈 유리에 첨가되기도 한다. 토륨 처리한 유리는 다른 렌즈에 비해 빛을 효율적으로 굴절시켜 초점을 잘 맞추며 색수차(빛의 여러 색이 펼쳐져 보이는 현상)도 적다.

미래의 연료

우라늄을 비롯해 이보다 무거운 초우라늄 원소들은 수천 년에 걸쳐 생명체에 위험한 핵폐기물을 남긴다. 하지만 토륨 폐기물은 100년 안에 위험성이 사라지고 안전해지기 때문에 대안 연료가 될 수 있다. ^{232}Th는 핵분열성 물질이 아니지만 중성자에 자극받아 약간의 방사성 붕괴를 거치면 핵분열성 물질인 ^{233}U을 만들어낸다. 이 동위원소를 녹인 플루오린염과 섞으면 용융염로의 핵연료로 사용할 수 있다. 이 원자로의 노심에는 더 많은 ^{232}Th가 에워싸고 있어서 ^{233}U이 방출하는 중성자를 흡수하며, 그에 따라 더 많은 연료가 계속 반응하도록 한다.

1970년대에 서구 국가 대부분이 이 기술을 거부한 이후에도 지지자들은 연구 기금 모금 운동을 계속하고 있다. 토륨은 우라늄보다 훨씬 풍부해 이런 앞으로 화석연료와 우라늄 연료가 떨어진 이후에도 오랫동안 에너지를 공급할 수 있다. 또 중요한 장점은 토륨 원자로가 무기 개발용 핵분열 물질을 만들어내지 않는다는 사실이다.

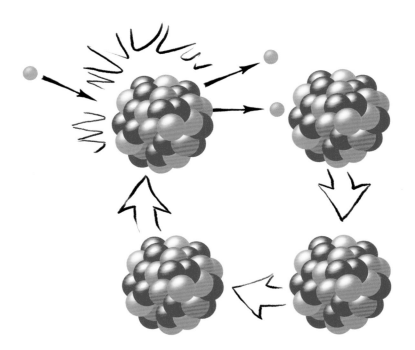

핵연료 주기에서 풍부하게 존재하는 ^{232}Th 동위원소(오른쪽 위)는 중성자 하나를 흡수한다. 이 중성자는 ^{233}U이 우라늄 핵분열을 일으켜 ^{233}Th이 되면서 방출한 입자다. ^{233}Th은 빠르게 ^{233}Pa으로 붕괴하며, 이 원소는 한 달에 걸쳐 붕괴해 이상적인 연료인 ^{233}U이 된다. ^{233}U이 붕괴하면 에너지(흰색 섬광)와 중성자(푸른색 구)를 내보내 주기를 지속시킨다.

프로트악티늄

원자번호:	91
원자량:	231.0359
존재 비율:	1.4×10^{-6} mg/kg
반지름:	180pm
녹는점:	1568℃
끓는점:	4027℃
전자 배치:	(Rn) $5f^2 6d^1 7s^2$
발견:	1913년, O. H. 괴링, K. 파얀스

1871년에 멘델레예프가 만든 주기율표를 보면 토륨과 우라늄 사이에 틈새가 있었고, 그곳에 원소 하나가 들어가야 했다. 당시에 만들어진 주기율표에 따르면, 이 새 원소는 5족의 구성원이며 탄탈럼과 화학적 성질이 비슷해야 했다.

우라늄-X

1899년 영국 과학자 윌리엄 크룩스는 우라늄 원광에서 방사능이 강한 조그만 결정체 샘플을 얻었다. 그 성분은 화학적으로 탄탈럼과 비슷해 보였다. 샘플의 양이 너무 적어서 분광법으로 어떤 원소인지 확인하기 힘들었지만, 이 원소는 방사능이 무척 강해 몇 시간 안에 사진 건판을 감광시킬 정도였다. 크룩스는 이 미지의 물질에 'UrX(우라늄-X)'라는 이름을 붙였다.

브레븀

1913년에 독일의 카지미르 파얀스(Kasimir Fajans)와 오토 괴링(Otto Göring)은 비슷한 방식으로 어떤 샘플에서 새로운 원소를 추출했다. 이 원소는 반감기가 겨우 6.2시간밖에 되지 않았기 때문에 두 사람은 원소가 짧게 스쳐 지나간다는 의미로 '브레븀(brevium)'이라 이름 붙였다. 그리고 4년이 흘러 오토 한과 리제 마이트너는 조금 다른 추출 방식으로 우라늄 피치블렌드에서 같은 원소를 발견했다. 오늘날 프로트악티늄의 가장 안정적인 동위원소라 알려진 ^{231}Pa이었다. 이 동위원소의 반감기는 3만 5000년이었다.

반감기가 가장 긴 동위원소를 발견한 두 사람은 이 원소가 붕괴할 때 악티늄에서 생겨났기 때문에 프로토악티늄이라는 이름을 붙였다. 이후 1949년에 IUPAC는 한과 마이트너를 발견자로 인정하면서 원소의 이름을 프로트악티늄이라고 살짝 고쳤다.

프로트악티늄은 해저 퇴적물의 연대를 알아내는 데 사용된다. 지질학자들은 토륨과 프로트악티늄에서 나오는 방사능의 비율을 살펴 해저가 얼마나 오래 그 자리에 머물렀는지 계산할 수 있다.

우라늄
흔하면서 논란에 싸인 원소

원자번호:	92
원자량:	238.029
존재 비율:	2.7mg/kg
반지름:	175pm
녹는점:	1132℃
끓는점:	4131℃
전자 배치:	(Rn) $5f^3$ $6d^1$ $7s^2$
발견:	1789년, M. H. 클라프로트

우라늄은 지구에 자연 상태로 존재하는 원소 가운데 가장 무겁다. ^{238}U 동위원소의 반감기가 지구의 나이와 맞먹는 45억 년이기 때문이다. 우라늄은 은보다 40배나 풍부한 흰색의 단단한 금속이다. 이 원소는 당시 발견된 지 얼마 안 된 행성 천왕성(Uranus)에서 이름을 따왔다.

행운의 발견

우라늄은 과학의 역사에서 가장 우연하게 발견되었다. 프랑스 물리학자 앙투안 앙리 베크렐(Antoine Henri Becquerel)은 어느 날 저녁 실험실을 정리하던 중 우라늄염을 아직 감광시키지 않은 사진 건판 위에 놔두고 서랍을 닫았다. 다음 날 아침에 실험실에 돌아온 베크렐은 건판이 '안개가 낀 듯' 흐릿해진 것을 발견했다. 베크렐은 에너지를 품은 보이지 않는 광선이 우라늄염에서 방출되었다고 결론을 내렸다. 방사

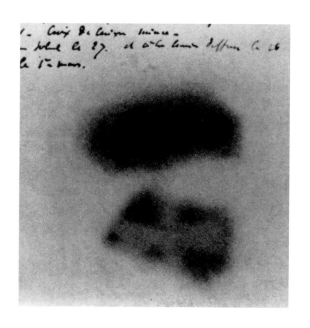

우연히 찍힌 이 사진 덕분에 1896년에 앙투안 앙리 베크렐은 방사능을 발견했다. 어두운 색 얼룩은 사진 건판이 놓인 자리인데, 캄캄한 서랍 안이었지만 우라늄염이 방출한 알 수 없는 방사능에 노출된 것이다. 베크렐은 이 발견으로 1903년에 노벨 물리학상을 받았다.

능의 증거를 최초로 발견한 순간이었다.

핵에서 나온 에너지

우라늄은 2개 동위원소의 혼합물이다. 바로 99.3%의 ^{238}U과 겨우 0.7%에 불과한 ^{235}U인데, 후자는 핵과학에서 큰 관심을 보이는 동위원소다. ^{235}U가 핵분열성 물질이기 때문이다. 다시 말해 에너지가 낮은 중성자에 의해 쪼개지는 과정에서 더 많은 중성자를 만들어내는 능력을 가졌다. 원자로나 폭탄 제조에 필수적인 (159쪽, '원자폭탄' 참고) 연쇄 반응을 지속시킬 수 있는 것이다. 원자로에서 사용하는 우라늄은 대개 산화물의 형태인데, 핵반응이 이어지도록 ^{235}U가 3%가량 농축되어 있다.

　우라늄 농축 과정은 매우 까다롭다. 화학적 성질이 비슷한 무거운 동위원소 2개를 분리해야 하기 때문이다. 육플루오린화우라늄(UF_6) 화합물을 분리해내는 가스 원심분리법을 가장 많이 쓴다. UF_6 화합물을 빠르게 회전시키면 무거운 $^{238}UF_6$이 $^{235}UF_6$ 아래로 가라앉는다.

원자력 에너지가 아닌 용도

우라늄은 산화 상태가 다양해서 색깔이 선명한 여러 화합물을 만들어낸다. 로마 시대에는 우라늄 화합물을 스테인드글라스에 썼고, 오늘날에도 목재를 착색하거나 가죽에 물을 들이고 도자기에 유약을 바를 때 이 화합물을 사용한다.

　우라늄에서 ^{235}U가 자연 상태일 때보다 적게 함유되도록(약 0.2%) 가공하는 과정을 열화라고 하는데, 이렇게 하면 방사능이 40% 낮아진다. 이렇게 처리한 우라늄은 선박을 똑바로 세우거나 비행기의 균형을 잡는 바닥짐이나 평형추로 활용된다. 철갑탄이나 장갑 장비 자체에 쓰이기도 한다.

탄약 전문가가 열화우라늄을 함유한 105mm 철갑 포탄을 들고 있다. 이 포탄은 M-1 에이브럼스 전투용 탱크(미국 육군의 주력 전차)에 사용된다.

넵투늄

원자번호:	93
원자량:	(237)
존재 비율:	3×10^{-12} mg/kg
반지름:	175pm
녹는점:	644℃
끓는점:	4000℃
전자 배치:	(Rn) $5f^4\ 6d^1\ 7s^2$
발견:	1940년, E. M. 맥밀런, P. H. 에이벌슨

1877년, 독일 화학자 R. 헤르만은 탄탈석 광물에서 새로운 원소를 찾았다고 생각했고, 그때까지 잘 알려지지 않은 해왕성의 이름을 따 '넵투늄'이라고 불렀다. 1886년에는 역시 독일 출신의 화학자 클레멘스 빙클러(Clemens Winkler)가 다른 새 원소를 발견해 넵투늄이라는 이름을 붙이려고 했다. 하지만 같은 이름의 원소가 존재한다는 사실을 알고 자기 고국의 이름을 따 '저마늄'이라고 지었다.

자기 자리 찾기

19세기 후반에야 헤르만이 발견한 '원소'가 탄탈럼과 나이오븀의 합금이라는 사실이 밝혀졌다. 그러다가 1940년에 미국 물리학자 에드윈 맥밀런(Edwin MaMillan)과 필립 에이벌슨(Philip Abelson)이 진정한 93번 원소를 발견한 이후에야 이 원소는 우라늄과 플루토늄 사이에서 제자리를 찾았다. 이들은 사이클로트론 입자가속기 안에서 우라늄에 중성자를 퍼부어 원소를 발견했다. 이로써 원자폭탄 제조 과정의 가장 큰 장애물을 해결할 실마리가 마련되었다.

다른 원소로 변하기

맥밀런과 에이벌슨은 ^{238}U이 느리게 움직이는 중성자를 포획해 ^{239}U가 되며, ^{239}U는 베타 붕괴를 통해(76쪽, '테크네튬' 참고) ^{239}Np를 만들어낸다는 사실을 발견했다. 이 동위원소는 반감기가 2.4일 정도로 짧았

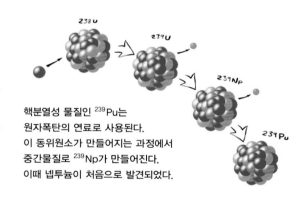

핵분열성 물질인 ^{239}Pu는 원자폭탄의 연료로 사용된다. 이 동위원소가 만들어지는 과정에서 중간물질로 ^{239}Np가 만들어진다. 이때 넵투늄이 처음으로 발견되었다.

다. 반감기 동안 베타 붕괴를 통해 ^{239}Pu가 되는 것이다. 이 플루토늄 동위원소는 핵분열성 물질이며 원자폭탄을 만드는 데 제격이었다. 그리고 비슷한 과정을 거쳐 ^{237}Np이 변한 ^{238}Pu은 원자력전지를 만드는 데 사용된다. 넵투늄 자체의 유일한 용도는 고에너지 중성자의 탐지기 역할이다. 중성자가 이 원소를 분열시키기 때문이다.

플루토늄
원자폭탄의 핵심 원소

원자번호:	94
원자량:	(244)
존재 비율:	3×10^{-11}mg/kg
반지름:	175pm
녹는점:	639℃
끓는점:	3228℃
전자 배치:	(Rn) $5f^6\ 7s^2$
발견:	1940~1941년, 시보그, 월, 케네디, 맥밀런

1945년 8월 6일과 9일, 원자폭탄 '리틀보이'와 '팻맨'이 일본 히로시마와 나가사키에 떨어져 폭발한 이후 우리가 사는 세상은 송두리째 바뀌었다. '리틀보이'에 사용된 ^{235}U 동위원소는 ^{238}U에서 분리해내기가 까다로운 반면, ^{239}Pu는 원자로 안에서 만들어진다.

뚱뚱한 폭탄

원자폭탄 '팻맨'은 전체 무게가 4톤이나 나갔지만 그 핵심부에 든 플루토늄은 겨우 6.2kg뿐이었다. 이 핵심부는 폭발할 만한 위험한 상태는 아니었는데, 그 말은 이곳이 직접 폭발하는 것이 아니라 고삐 풀린 연쇄 반응을 촉발시켜 폭발을 일으킨다는 뜻이었다. 핵심부는 폭약으로 둘러싸여 있었는데 여기가 폭발하면 금속 구에 압력을 가해 원자를 서로 가까이 가져가 임계 상태가 된다. 이때 연쇄 반응을 확실히 일으키기 위해 플루토늄 역시 폴로늄과 베릴륨의 혼합물인 개시 물질에서 나온 중성자 샤워를 받았다. 이렇게 연쇄 반응이 시작되면 에너지가 방출되어 폭발이

'팻맨' 폭탄에서 실제로 폭발한 플루토늄은 원래 들어 있던 양의 20%인 1.2kg이었지만, 이 폭발 때문에 나가사키에서는 4만 명이 목숨을 잃었고 도시의 80%가 잿더미로 변했다.

일어난다.

핵폐기물

1940년에 핵분열성 물질이 아닌 ^{238}U에 중성자를 퍼부으면 ^{239}Pu가 만들어진다는 사실이 발견되자 사람들은 핵 증식로를 설계하기 시작했다. 증식로란 원자로와 비슷하지만, 폭탄 재료인 플루토늄만 생산하는 장치다. 플루토늄은 이미 사용한 핵연료에서 두 원소를 분리하는 것이 우라늄보다 쉽다.

핵폐기물의 약 1%가 플루토늄인데, 오늘날에는 퓨렉스법(PUREX)으로 분리된다. 매년 민간 원자로에서 약 2톤이 이런 방식으로 추출된다. 현재 전 세계적으로 무기에 사용할 정제된 플루토늄이 약 500톤 존재하는 것으로 추정된다.

무서운 수소폭탄

플루토늄은 핵융합 과정에 가벼운 원소에서 무거운 원소가 생겨나면 핵분열에 비해 에너지가 1000배나 강력한 폭탄이 된다. 파괴력도 그만큼 대단하다. 플루토늄 핵융합으로 만들어진 에너지는 수소의 무거운 동위원소에 열과 압력을 가하는데, 이것은 원래 별의 내부가 아니면 거의 가능하지 않은 조건이다. 이 폭탄을 수소폭탄이라 하며 지금까지 테스트는 이뤄졌지만 실제로 전쟁에서 사용되지는 않았다.

유피푸 클럽

제2차 세계대전이 절정에 이르렀을 때 미국 캘리포니아 주의 로스앨러모스 실험실에서는 과학자들 사이에 유피푸(UPPu) 클럽이 생겼다. 맨해튼 프로젝트에 참가해 폭탄을 만들던 과학자들은 플루토늄을 정기적으로 다뤄야 했는데, 이 과정에서 사고가 끊이지 않았다. 플루토늄은 완전히 인공 원소였고 생물학적인 역할이 없어 몸속에 들어가면 꽤 오래 머물렀다. 맨해튼 프로젝트에 참가자들은 소변에 약간의 플루토늄이 들어 있다는 사실을 알고는 플루토늄을 소변으로 내보내는 사람들이라는 의미로 자기들을 유피푸(You-pee-Pu) 클럽이라 불렀다. 한 일꾼은 전쟁이 끝나고

NASA에서 만든 탐사 로봇 큐리오시티가 화성 표면의 마운트 샤프(오른쪽 위) 근처의 록네스트 지역에 착륙한 모습을 보여주는 합성 이미지다. 밤이 되면 화성은 무척 추워지지만 큐리오시티는 플루토늄 배터리 덕분에 온기를 유지했다.

50년이 지난 다음에도 소변에서 약간의 방사능 금속이 나왔다고 한다.

사고와 복구

전쟁이 벌어지는 동안 영국의 방사화학자인 앨피 매덕스(Alfie Maddox)는 영국에 존재하는 플루토늄의 전부인 10mg의 샘플을 쪼개려 시도했다. 그는 책상 위에서 톱으로 샘플을 자른 다음 불에 태우고 잿더미에서 조심스레 플루토늄을 얻었다. 매덕스는 이 과정에서 원래 샘플 가운데 9.5mg을 되찾아 연구에 사용했다고 주장했다.

플루토늄의 긍정적인 측면

플루토늄 방사능 덕분에 우리는 태양계 너머로 탐사할 수 있게 되었다. 우주 탐사 과정에서 플루토늄 배터리는 전기와 온기를 제공하는 역할을 했다. 화성탐사 로봇 큐리오시티를 비롯해 명왕성 탐사선 뉴호라이즌스는 에너지원으로 플루토늄을 사용한다.

플루토늄의 특성

플루토늄은 경도(硬度)가 다른 여러 동소체가 동시에 존재하기 때문에 쉽게 잘라내 이용하기가 힘들다. 또 오랜 기간 내버려두면 알파 붕괴로 만들어진 헬륨 기체가 빠져나가면서 금속에 구멍이 생긴다. 또 우라늄과 화학적 성질이 비슷해서 색이 화려한 화합물을 만든다.

아메리슘

원자번호:	95
원자량:	(243)
존재 비율:	0mg/kg
반지름:	175pm
녹는점:	1176℃
끓는점:	2507℃
전자 배치:	(Rn) $5f^7\ 7s^2$
발견:	1944년, 시보그, 제임스, 모건, 기오르소

1944년에 글렌 T. 시보그(Glenn T. Seaborg)와 동료들은 시카고 대학교에서 맨해튼 프로젝트에 참여하던 중에 95번 원소를 발견했다. 하지만 이들은 비밀 유지 서약을 지켜 자신들의 발견을 1945년 11월까지 발표하지 않았다. 연합국은 자국이 핵물리학 분야에서 얼마나 발전을 이뤘는지 철저히 비밀로 했기 때문이다.

전부 아수라장으로

이 원소를 처음 분리한 연구팀은 핵폐기물을 여러 단계에 걸쳐 정제하는 힘든 과정을 거쳤다. 예컨대 태웠다가 산에 녹인 다음 사이클로트론 가속기에 넣고 입자를 쏟아붓는 식이었다. 그래서 이들은 농담 삼아 그리스어로 아수라장을 의미하는 단어를 참고해 이 원소를 팬더모니엄이라 부르자고 제안하기도 했다. 결국 이 원소가 발견된 아메리카 대륙의 이름을 따서 아메리슘이라 불리게 되었다.

핵폐기물에서 아메리슘을 분리하려면 눈코 뜰 새 없이 힘든 과정을 여러 번 거쳐야 했다.

연기를 찾아내는

아메리슘은 초우라늄 원소 가운데 여러분의 집에 존재할 가능성이 가장 큰 원소다. 화재경보기에 마이크로그램 단위의 ^{241}Am 동위원소가 들어가 있기 때문이다. 이 동위원소는 알파선을 방사하며 붕괴한다. 알파 입자는 공기를 통과하면서 원자에서 전자를 떼어낼 수 있는데, 이 입자를 모아 놓으면 미세한 전하가 흐른다. 그런데 경보기에 먼지 입자가 들어가면 알파선을 금방 흡수한다. 그러면 알파 입자가 주변 공기로부터 전자를 떼어내지 못하기 때문에 전하의 흐름이 중단되고, 그에 따라 경보가 울린다.

플루토늄의 대안?

유럽우주기구(ESA)는 원자력전지에 플루토늄 대신 아메리슘을 검토하고 있다. 플루토늄은 엄격한 규제가 따르기 때문이다. 아메리슘은 핵폐기물 1톤에 겨우 1g을 추출할 수 있다.

퀴륨

Cm
퀴륨
96

원자번호:	96
원자량:	(247)
존재 비율:	0mg/kg
반지름:	자료 없음
녹는점:	1340℃
끓는점:	3110℃
전자 배치:	(Rn) 5f^7 6d^1 7s^2
발견:	1944년, 시보그, 제임스, 기오르소

마리 퀴리와 피에르 퀴리는 96번 방사능 원소에 이름을 올리면서 과학자들 사이에서 제대로 된 자리를 찾았다.

위험한 에너지

96번 원소는 방사능이 매우 높고 모든 동위원소의 반감기가 짧기 때문에 다량의 에너지를 방출한다. 아메리슘이나 플루토늄에서 나오는 에너지는 전기 생산에 쓰인다. 반면, 퀴륨에서 나오는 고에너지 감마선은 다루기가 거의 불가능하다. 화성의 흙을 분석하는 탐사선에 알파 입자를 공급하는 역할 정도가 전부다. 화성 탐사 로봇에 실린 알파 입자 분광기에 소량의 퀴륨이 들어 있다.

퀴리 부부

마리아 스클로도프스카는 러시아의 지배를 받던 폴란드에서 프랑스로 건너가 1893년에 파리에서 물리학 학위를 받았다. 실험 공간을 찾다가 피에르 퀴리를 만났다. 두 사람은 서로 관심사가 통한다는 사실을 알았고, 곧이어 피에르는 마리아에게 청혼했다.

1895년에 결혼을 하고 나서 마리 퀴리는 당시 앙리 베크렐이 막 발견한 우라늄선을 연구하겠다고 다짐했다. 그리고 피에르의 전위계를 사용해 우라늄 방사선 때문에 주변의 공기에 전기가 흐른다는 사실을 증명했다. 이 결과를 보고 마리 퀴리는 이 원소의 원자 안에서 뭔가 방출되는 게 틀림없다는 가설을 세웠다.

여러 발견들

1898년에 마리는 피치블렌드 원석과 인동우라늄석에 새로운 방사성 원소가 들어 있다고 생각했다. 피에르의 도움을 받아, 부부가 함께 몇 톤이나 되는 피치블렌드를 직접 처리했고 7월에는 폴로늄을, 12월에는 라듐을 발견했다.

두 사람이 결혼한 해인 1895년에 찍은 피에르 퀴리와 마리 퀴리의 사진.

버클륨/캘리포늄

원자번호:	97	녹는점:	986℃
원자량:	(247)	끓는점:	2627℃
존재 비율:	0mg/kg	전자 배치:	(Rn) 5f^9 7s^2
반지름:	자료 없음	발견:	1949년, 톰프슨, 기오르소, 시보그

Bk
버클륨
97

원자번호:	98	녹는점:	900℃
원자량:	(251)	끓는점:	1470℃
존재 비율:	0mg/kg	전자 배치:	(Rn) 5f^{10} 7s^2
반지름:	자료 없음	발견:	1950년, 톰프슨, 스트리트, 기오르소, 시보그

Cf
캘리포늄
98

원자폭탄의 방사능 낙진에 소량 존재하는 버클륨은 입자가속기를 사용해 처음으로 적정량이 만들어졌다. 글렌 T. 시보그와 앨버트 기오르소, 스탠리 G. 톰프슨은 겨우 10억 분의 3g 정도 되는 양이 방출하는 빛의 스펙트럼을 통해 이 97번 원소를 확인할 수 있었다.

아메리슘과 퀴륨에 이어, 악티늄족 원소도 위쪽의 란타넘족 원소와 비슷한 방식으로 이름이 지어졌다. 터븀이 발견된 장소 이테르비에서 이름을 따왔기 때문에 97번 원소 역시 발견된 장소 캘리포니아 버클리 대학교의 이름을 따서 버클륨이라 불리게 된 것이다. 거의 동시에 발견된 98번 원소 역시 간단하게 캘리포늄이라는 이름으로 불린다.

버클리 연구소에서 발견된 캘리포늄은 미국 캘리포니아 주의 이름을 딴 것이다. 이 원소는 중성자를 방출하기 때문에 중요하게 사용되는데, 막 생성된 ^{252}Cf 1μg은 1초에 230만 개 넘는 중성자를 방출한다.

중성자가 물질 안을 통과하며 어떻게 산란되는지 살피면, 그 물질의 구성 요소를 알 수 있다. 캘리포늄은 중성자를 이용해 석유나 물, 귀금속이 파묻힌 위치를 탐색하는 여러 기계에 중성자를 공급하는 역할을 한다. 비슷한 원리로 전 세계 공항에서는 중성자 단층촬영으로 비행기를 찍어 금속 구조물에 느슨해지거나 약해진 곳이 있는지 찾는다.

중성자는 원자로에서 핵분열성 물질의 연쇄 반응을 개시하는 데 활용된다. 이때 캘리포늄이 불을 붙이는 역할을 한다. 캘리포늄을 가벼운 원소들과 충돌시키면 주기율표의 103번에서 118번까지에 이르는 원소들을 만들 수 있다.

한 농부가 캘리포늄이 들어 있는 중성자 탐지기로 토양의 수분 함량을 측정하고 있다.

명예의 전당
영원히 기억될 과학자와 연구소

거의 화학 분야이기는 하지만, 중원소를 이해하고 발견하는 과정은 물리학의 신세를 지고 있다. 20세기 초에 벨기에 출신의 기업가 에르네스트 솔베이(Ernest Solvay)의 이름을 딴 솔베이회의가 개최되었는데, 이 자리에는 당대의 명망 있는 과학자들이 모여 당시의 가장 위대한 과학적 발전상에 대해 논의를 벌였다. 매번 회의가 진행될 때마다 특정 주제에 집중했다. 그중 가장 유명한 1927년의 회의에서는 '전자와 광자'라는 주제 아래 막 만들어진 양자 이론의 기초를 닦고자 했다.

1933년의 솔베이회의는 '원자핵의 구조와 성질'이 주제였다. 참가자 가운데 주기율표에 이름을 올린 과학자가 6명이나 되었다.

알베르트 아인슈타인(아인슈타이늄)은 위의 사진에는 등장하지 않지만 사진이 찍힌 테이블 옆에 앉아 있었다. 사진을 자세히 들여다보면 닐스 보어(보륨, 107번), 마리 퀴리(퀴륨, 96번), 어니스트 러더퍼드(러더포듐, 104번), 리제 마이트너(마이트너륨, 109번)가 앉아 있고, 그 뒤에는 엔리코 페르미(페르뮴, 100번),

1933년 솔베이회의 때 찍은 이 사진을 보면 주기율표에 자기 이름을 올린 과학자가 6명이나 된다.

어니스트 로렌스(로렌슘, 103번)가 서 있다. 자기 이름을 딴 원소가 있는 과학자들을 최대한 한 곳에 몰아넣고 찍은 사진이라 할 만하다.

인위적으로 만들어지는 초중원소

이제 주기율표에서 마지막으로 남은 초중원소들은 아주 적은 양만 만들어지며 실용적인 용도도 없고, 화학적 성질 또한 이론으로만 예측할 수 있다. 이 원소들은 전부 입자가속기에서 인위적으로 만들어진다. 이온을 빛의 속도에 가깝게 가속한 다음 표적에 세게 부딪히는 것이다. 인내심을 갖고 기다리다 보면 운 좋게 새로운 원소들의 원자 몇 개를 얼핏 볼 수도 있다. 이 원소들의 원자핵은 무척 불안정한 탓에 잠깐만 존재했다가 더 가벼운 원소로 붕괴된다. 그러고 나면 후속 화학 반응은 거의 관찰할 수 없다. 이처럼 금방 사라지기는 해도 양자물리학 덕분에 초중원소들의 성질은 예측 가능하다. 앞서 발견된 가벼운 원소들이 그랬듯이 새로 발견된 초중원소들의 이름도 특정 지명이나 연구소, 유명한 과학자들의 이름을 따서 지어졌다.

초중원소들은 이렇다 할 특징이 많지 않아서 이번 절에서는 해당 원소에 이름을 준 과학자나 연구소에 주로 초점을 맞출 예정이다. 그리고 각 원소와 관련한 흥미롭고 소소한 몇 가지 사실을 덧붙이겠다.

아인슈타이늄

많은 초중원소가 그렇듯이 99번 원소가 처음 세상에 모습을 드러낸 것은 원자핵 융합 반응을 일으키는 수소폭탄이 폭발했을 때였다. 그다음부터는 입자가속기 안에서 만들어졌다. 아인슈타이늄 같은 비교적 가벼운 초중원소는 다른 초중원소들을 합성하는 데 사용된다. 높은 에너지 상태의 더 가벼운 이온들이 부딪치는 표적 원소 역할을 하는 것이다. 아인슈타인은 아원자 입자에 대한 초기 이해와 양자 이론의 발전에 기여했다는 공로로(22쪽, '원자의 양자물리학' 참고) 이 원소에 자신의 이름을 영원히 남기게 되었다. 또한 아인슈타인의 특수상대성 이론은 원자가 커졌을 때 일어나는 화학적 행동의 변화를 설명했다. 큰 원자가 빛의 속도에 가깝게 이동하다 보면 1s 오비탈 속의 내부 전자들은 상대론 효과를 무시할 수 없다. 그 결과 핵을 둘러싼 전자들의 에너지 준위가 변하고, 화학적 성질이 바뀌며 빛을 흡수하거나 방출한다. 금이 노란색을 띠고 코발트가 푸른색, 구리가 주황색을 띠는 것은 이 상대성 이론의 효과다. 아인슈타이늄은 화학적 결합을 형성할 정도로 오래 존속한다. 금속을 질산에 반응시키면 질산아인슈타이늄이 만들어지고, 이 질산을 태우면 산화아인슈타이늄이 된다. 할로젠과 반응해 염화물이나 플루오린화물을 이루기도 한다. 이 화합물들은 아인슈타인이 처음 쌓아올리기 시작한 양자 이론의 예측력을 보여준다.

과학자 가운데 가장 유명한 얼굴일 알베르트 아인슈타인의 사진. 아인슈타인은 원자에 대한 이해를 넓히는 데도 크게 기여했다.

페르뮴

이탈리아 물리학자 엔리코 페르미는 '원자력 시대의 개척자'라고 불린다. 페르미는 토륨과 우라늄에 중성자를 쏟아부어 인공 방사능 물질을 처음 관측하기도 했다. 당시에는 본인이 새로운 초우라늄 원소를 발견했다고 생각했다. 그러던 중 1938년에 독일에서 오토 한과 프리츠 슈트라스만이 우라늄에 중성자를 부딪쳐 가벼운 원소 바륨을 비롯한 여러 입자를 얻었다는 소식이 전해졌다. 망명한 유대계 독일 과학자 리제 마이트너와 오토 프리슈가 가벼운 원소들로 붕괴시켰던 원소도 우라늄인 셈이었다. 이 과정은 오늘날 핵분열이라 알려져 있다. 페르미는 제2차 세계대전 중 파시스트들이 유럽을 장악하자 곧바로 미국으로 건너갔다. 그리고 최초의 원자폭탄을 만들려는 미국의 맨해튼 프로젝트에 참여하며 연구를 계속해나갔다. 페르미는 미국 물리학자들, 유럽에서 망명한 과학자들과 함께 스쿼시 코트에 세계 최초로 원자로를 만들었는데, 그곳은 시카고 대학교 축구장 아래였다. 페르

노벨상 메달에는 화학자 알프레드 노벨의 얼굴이 새겨져 있다. 하지만 노벨륨이라는 원소의 이름은 노벨 자신이 아니라 사실 노벨연구소의 이름을 딴 것이다. 이 연구소는 전에도 여러 원소를 발견했다.

미의 연구는 연합국의 원자폭탄 개발을 상당히 앞당겼고, 이 폭탄의 낙진 안에서 100번째 원소도 세상에 첫 선을 보였다.

멘델레븀

현대 주기율표의 아버지 드미트리 멘델레예프에 대해서는 이미 앞서 설명한 바 있다(12쪽, '멘델레예프와 현대 주기율표' 참고). 멘델레예프에 관한 근거 없는 여러 소문 가운데 하나로 그가 러시아 정부 아래서 일하며 표준 무게와 단위를 정했다는 이야기도 있다. 그의 이름이 붙은 101번 원소는 1955년에 미국 로렌스 버클리 국립연구소에서 가벼운 아인슈타이늄에 알파 입자를 부딪친 결과 처음 만들어졌다. 오늘날 이 원소는 주로 비스무트를 표적 삼아 아르곤 이온들을 부딪치는 방식으로 만들어진다.

노벨륨

알프레드 노벨은 스웨덴 출신의 기업가이자 화학자로 폭약을 제조, 판매해 큰돈을 벌었다. 초기의 폭약은 탄소와 질소의 불안정한 화합물이었는데 쉽게 불을 붙여 연쇄 반응을 유도할 수 있었다. 하지만 소량의 고체가 순식간에 다량의 뜨거운 기체로 바뀌면서 사람들이 팔다리 한둘을 잃는 경우가 종종 생겼다. 노벨은 화합물을 비활성 성분으로 덮은 다음 기폭 장치를 사용할 때만 불이 붙어 폭발이 일어나도록 했다. 이렇게 폭발물을 보다 안전하게 다룰 수 있게 된 데다 철도가 여기저기 깔리고 전쟁이 벌어지면서 노벨은 돈방석에 앉았다.

생전에 노벨은 스톡홀름에 연구소를 세웠고, 이 연구소에서 1957년에 102번 원소를 처음 발견했다. 연구팀은 퀴륨을 표적으로 삼아 방사성 동위원소 탄

소-13을 부딪쳐 새로운 원소를 얻었다. 하지만 미국과 러시아에서 이 실험을 재현하지 못해서 몇 년간 노벨륨을 둘러싸고 논란이 있었다. 비록 러시아 합동핵연구소(JINR)의 두브나 연구팀이 이 원소가 존재한다는 확고한 증거를 처음으로 발견했지만, IUPAC는 노벨연구소가 원소의 이름을 지을 자격이 있다고 판단했다.

노벨이 죽은 뒤 과학의 전 분야와 세계 평화에 기여를 한 사람에게 상을 주는 재단이 설립되었다. 노벨상의 기준은 102번 원소처럼 논란이 무성하다. 특히 리제 마이트너 같은 훌륭한 여성 과학자들의 업적을 깡그리 무시한 적이 많았기 때문이다.

로렌슘
로렌슘
103

어니스트 로렌스는 사이클로트론 입자가속기를 발명했고 캘리포니아 주 버클리 대학교의 연구소에 60인치짜리 가속기를 설치해 사용했다. 이 가속기는 새로운 원소를 발견하기도 했지만 이미 알

려진 원소의 새로운 동위원소들을 찾아내기도 했다. 이 연구소는 나중에 로렌스의 공을 기려 로렌스버클리국립연구소로 불렸으며, 1961년에 이곳에서 103번 원소가 처음 발견되었다. 앨버트 기오르소와 동료들은 서로 다른 캘리포늄 동위원소들을 표적으로 삼아 붕소 동위원소들을 충돌시켜 새로운 원소의 자취를 발견했다. 하지만 러시아 두브나에서도 아메리슘에 산소를 부딪쳐 이 원소를 만들었다고 주장했다. 냉전 시기 내내 이 원소의 이름을 짓는 권리를 두고 철의 장막을 넘나드는 논쟁이 벌어졌다. 결국 IUPAC는 미국 연구팀의 손을 들었지만, 1997년에 러시아 연구팀도 공동 발견자라고 인정했다.

러더포듐
러더포듐
104

뉴질랜드에서 태어난 과학자 어니스트 러더퍼드는 원자핵과 양성자를 발견하면서 원자에 대한 인식의 지평을 넓히는 데 크나큰 역할을 했다 (22쪽, '원자의 양자물리학' 참고).

러더퍼드는 교수들에게 색다른 직업 윤리를 설파했고 그것을 자기 학생들에게도 적용했다. 다른 교수들은 대부분 밤낮을 가리지 않고 학생들에게 일을 시켰지만 러더퍼드는 자기 학생들이 저녁 6시 이후에는 일하지 못하게 했다. 러더퍼드는 이 시간 이후에 모든 일이 중단되어야 한다고 생각했기 때문에 실험실 기술자들에게 장비 스위치를 모두 끄라고 지시할 정도였다. 이런 행동은 가치가 있었던 게 분명했다. 러더퍼드 실험실 출신 학생들 가운데 11명이 연구를 계속해 노벨상을 받았기 때문이다. 사실, 러더포듐이라는 원소를 처음 발견한 것은 러시아 두브나의 JINR 연구팀이었는데, 1964년에 이 연구팀은 아메리슘을 표적으로 삼아 네온 이온을 충돌시켜 러더포듐을 얻었다.

뉴질랜드 출신의 어니스트 러더퍼드는 원자 및 아원자 물리학 분야의 대가였을 뿐만 아니라 최고의 후배 과학자들을 길러냈다.

두브늄

러시아 두브나에 자리한 JINR은 일종의 원소 공장 같았다. 이곳의 과학자들은 오늘날 주기율표에 있는 인공 초중원소 전부를 발견하거나 공동 발견하고, 그 존재를 확인했다. 냉전 기간에는 원소의 최초 발견자를 두고 논쟁이 잦았다. 예컨대 1968년에 두브나 팀이 아메리슘과 네온 이온을 충돌시켜 새로운 원소를 찾았다는 발표를 했는데, 같은 해에 미국 캘리포니아 버클리 대학교 연구팀 역시 캘리포늄에 질소 이온을 충돌시켜 똑같은 원소를 발견했다고 주장했다. 1990년대에는 이름을 짓는 권리를 놓고 논쟁이 정점으로 치달았고, 결국 초중원소에 이름을 붙이는 문제는 IUPAC의 중재를 거쳐 겨우 마무리되었다. 105번 원소는 1997년에 공식적으로 두브늄이라는 이름을 얻었다.

시보귬

여러분이 시보그와 같은 시대에 살았다면, 화학기호나 화학 원소의 이름만으로도 미국 캘리포니아 주 로렌스버클리연구소에 근무하는 그에게 편지를 쓸 수 있었을 것이다. 아래와 같이 화학기호를 나열하면 말이다.

시보귬	Sg
로렌슘, 버클륨	Lr, Bk
캘리포늄	Cf
아메리슘	Am

하지만 아이러니하게도 이 다섯 원소 가운데 자기 이름을 딴 시보귬만 시보그 자신이 직접 발견하지 않은 원소다. 시보귬은 러시아 두브나의 JINR 연구팀과 로렌스버클리연구소의 물리학자들이 1974년에 공동으로 발견했다.

원래 IUPAC는 이 원소에 러더포듐이라는 이름을 붙이려 했다. 원소에 살아 있는 과학자의 이름을 붙일 수는 없다는 규정 때문이다. 하지만 아인슈타이늄을 계기로 1997년에 104~108번 원소의 이름이 재편되었다. 106번 원소는 시보귬이 되었고 러더포듐이라는 이름은 104번에 할당되었다.

보륨

보륨은 '차가운' 핵융합으로 만들어진 첫 번째 원소다. 핵융합 과정에서 이온들은 다른 원소들이 만들어질 때보다 상대적으로 낮은 에너지를 가진 채 표적 원소와 충돌한다. 예컨대 보륨은 비스무트를 표적 원소로 해서 낮은 에너지를 가진 크로뮴 이온이 충돌한 결과 만들어졌다. 이런 방식은 러시아

글렌 T. 시보귬이 원소 플루토늄의 무게를 처음 재는 데 사용했던 저울을 들고 있다.

두브나의 JINR 과학자들이 선구적으로 개발했는데, 이들은 1976년에 이 원소를 처음 발견했다고 주장했다. 그러면서 연구팀은 원소의 이름을 닐스보륨(Ns)으로 짓자고 제안했다. 하지만 IUPAC는 JINR의 주장에 의구심을 품었고, 그 대신 1981년에 독일 다름슈타트의 GSI 연구소의 과학자들을 첫 발견자로 인정했다. 하지만 GSI 연구팀은 JINR의 선구적인 업적을 알고 있었기에 그들이 제안했던 것과 똑같은 이름을 선택했다. 1992년에 IUPAC는 이 이름을 단순화해 보륨(Bh)이라 정리했다.

하슘

공식적으로 108번 원소는 1984년에 독일 다름슈타트의 GSI 연구소가 발견했다. 이 연구소가 자리한 독일 헤센 주의 이름을 따서 108번 원소는 하슘이 되었다. 이 원소는 납을 표적으로 삼아 철 이온을 충돌시켜서 처음 만들어졌다. 하슘의 동위원소들은 반감기가 몇 초밖에 안 되지만, 화학적으로 연구하기에는 충분한 시간이다. 하슘 원자 몇 개를 산소에 통과시키면 사산화하슘이라는 화합물이 만들어진다. 이 화합물은 사산화오스뮴처럼 쉽게 증발하지는 않는데, 그런 점에서 보면 하슘은 오스뮴보다 녹는점이 높을 것으로 추정된다. 이런 결과는 하슘 원자가 서로 상호작용하는 강도에 따라 달라질 수 있다. 하지만 하슘 원자 사이에서 상호작용하는 힘이 어느 정도인지는 알려져 있지 않다. 원자가 수천만 개 필요하기 때문이다.

마이트너륨

이 원소는 오토 한과 함께 프로트악티늄을 발견했던 리제 마이트너의 업적을 기려 마이트너륨이라는 이름을 얻었다. 두 사람은 방사능 연구에서도 매우 중요한 역할을

엑스선을 발견한 빌헬름 뢴트겐. 뢴트겐은 전자기학 분야에서 선구적인 실험을 했고 111번 원소에 자기 이름을 영원히 남겼다.

했다. 1938년에 토륨과 우라늄의 핵분열 결과 자연 붕괴 과정에서 생성되는 새로운 원소를 발견했기 때문이다. 한은 그 공로를 인정받아 1944년에 노벨 화학상을 받았다. 하지만 마이트너가 했던 역할은 철저히 무시되었다. 109번 원소는 1982년에 독일 다름슈타트의 GSI 연구소가 비스무트를 표적으로 삼아 철 이온을 충돌시켜 처음 발견한 원소다. 그리고 1994년에 IUPAC에 마이트너륨이라는 이름이 제안되면서 마이트너의 공적은 마침내 인정을 받았다. 마이트너륨은 주기율표의 원소 가운데 신화 속 등장인물이 아닌 실존하는 여성의 이름이 붙은 유일한 원소이기도 하다 (퀴륨은 마리 퀴리와 피에르 퀴리 두 사람의 이름이니 여성의 이름이라고는 할 수 없다).

다름슈타튬

전 세계의 주요 중원소 연구소는 자기 이름을 하나 이상의 초중원소에 남겼다. 독일 다름슈타트의 GSI 연구소도 보륨, 하슘, 마이트너륨, 다름슈타튬, 뢴트게늄, 코페르니슘이라는 6개 초중원소를 발견한 곳이다. 110번째 원소는 이 연구소가 자리한 도시의 이름을 따서 다름슈타튬이라는 이름을 얻었다. 다름슈타튬은 납과 니켈 이온을 충돌시켜 만든 원소다.

뢴트게늄

111번 원소 역시 1994년에 GSI 연구소가 발견했다. 이 원소의 이름에는 독일의 물리학자 빌헬름 뢴트겐의 이름이 붙었다. 뢴트겐은 엑스선 발견의 공로를 인정받아 1901에 첫 노벨 물리학상을 받았다. 그는 1895년에 전자기학 실험을 하다가 엑스선을 처음 발견했다. 뢴트게늄은 비스무트를 표적으로 삼아 니켈 이온을 충돌시켜 만들어낸다.

코페르니슘

이 원소는 폴란드의 천문학자 니콜라우스 코페르니쿠스의 이름을 따왔다. 코페르니쿠스는 지동설을 처음 주장한 인물이다. 그 결과 코페르니쿠스 혁명이 일어났으며 인류는 자연을 과학적으로 더 많이 이해하게 되었다.

원소의 이름이 처음 제안되었을 때 화학기호로 Cp를 쓰기로 했지만 곧 큰 반대에 부딪혔다. 유기화학자들이 오래전부터 유기금속화학에서(70쪽, '아연' 참고) 중요하게 활용되는 시클로펜타디엔일 이온($C_5H_5^-$)을 Cp라는 약호로 쓰고 있었기 때문이다. 게

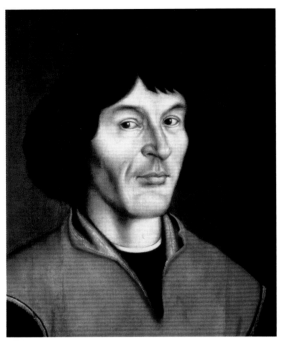

니콜라스 코페르니쿠스(1473~1543)는 폴란드 출신의 천문학자로 지동설을 주장했다. 지구를 비롯한 다른 천체들이 태양을 중심으로 회전운동을 한다는 이론이다.

다가 독일 과학자들 역시 1950년대까지 지금은 루테튬이라 불리는 71번 원소를 카시오퓸이라 불렀고 그 약칭 또한 Cp였다. 같은 기호를 다른 이름으로 쓰다가 혼란이 생길 수 있으므로 IUPAC는 한동안 숙고를 거친 끝에 112번 원소에 Cn이라는 기호를 부여하기로 결정했다. 이 원소는 1996년에 GSI 연구소에서 납을 표적으로 삼아 아연 이온을 부딪쳐 처음으로 만들었다.

니호늄

중원소들은 아주 짧은 시간만 존재하기 때문에, 실제로 생성을 확인하려면 연쇄 방사능 붕괴를 일으킨 결과 생겨난 딸 원소들을 살펴야 한다. 113번 원소를 발견하려면

두브늄이 붕괴되어 로렌슘을 만들어내는 단계를 확실히 확인해야 했다. 2003년 8월에 미국의 리버모어국립연구소와 러시아의 JINR가 공동 연구로 이 원소를 처음 발견했다고 보고했다. 하지만 이 필수적인 단계를 확인하는 데는 실패했다.

결국 첫 발견의 영예는 2015년 12월 일본 RIKEN 연구소에 돌아갔다. 2003년 7월에 이 원소를 발견했다고 주장했으며, 이후 2005년 4월, 2012년 8월에 실험을 반복해 증거를 보충했다. 이들은 비스무트를 표적으로 삼아 아연 이온을 엄청나게 퍼부어 충돌시켰고, 매번 113번 원소만 얻었다. 그 결과 다음과 같은 원소의 연쇄 붕괴 반응을 확립할 수 있었다.

$$^{278}\text{Nh} \rightarrow {}^{274}\text{Rg} + \alpha \rightarrow {}^{270}\text{Mt} + \alpha \rightarrow {}^{266}\text{Bh} + \alpha \rightarrow {}^{262}\text{Db} + \alpha \rightarrow {}^{258}\text{Lr} + \alpha \rightarrow {}^{254}\text{Md} + \alpha$$

113번 원소는 일본인, 더 나아가서는 아시아인이 이름을 지은 유일한 원소가 되었다. RIKEN은 2016년 6월, 이 113번 원소에 니호늄이라는 이름을 붙였다. '일본'을 뜻하는 일본식 발음 '니혼'에서 따온 것이다. 말 그대로 옮기면 '태양이 뜨는 땅'이라는 뜻이다. IUPAC 위원회는 5개월이 지난 뒤인 2016년 11월 28일에 이 이름을 승인했으며, 원소기호는 Nh가 되었다. 이 원소의 이름이 '재팬'에서 비롯한 '자포늄'이 되지 않은 건 다행스러운 일인데, 원소기호가 Jp가 되면 '주기율표에 등장하지 않는 유일한 알파벳은 J'라는 그간의 일반 상식이 무너지기 때문이다.

옛 소련의 게오르기 플료로프는 원자폭탄의 지지자이자 핵반응 연구소 소장이었다. 이 연구소는 초우라늄 원소를 많이 발견했다.

플레로븀

Fl
플레로븀
114

1998년 12월에 러시아의 JINR은 114번 원소의 원자 하나를 발견했다고 보고했다. 플루토늄을 표적으로 칼슘 이온을 충돌시켜 얻었다는 것이다. 비록 이 실험이 정확히 재현되지는 않았지만 1999년 3월에는 ^{244}Pu가 더 가벼운 ^{242}Pu 동위원소로 대체되었다는 증거도 나왔다. 그러다가 1999년 6월에 JINR의 과학자들이 1998년의 실험을 재현해 그 결과가 같은 해 3월의 결과와 맞아떨어진다는 사실을 보여주면서, 새로운 원소를 발견했다는 사실이 확인되었다.

114번 원소의 공식 명칭 플레로븀은 2012년 5월 30일에 IUPAC에 의해 공식으로 승인을 받았다. 플레로븀은 JINR의 설립자 게오르기 플료로프(Georgy Flyorov)의 이름을 딴 것이다.

모스코븀

115번 원소의 발견은 미국 로렌스리버모어국립연구소와 러시아 두브나 JINR이 공동 연구로 일궈낸 결실 가운데 하나였다. 리버모어연구소에서 아메리슘이라는 표적을 제공했고 JINR이 칼슘 이온을 가속기 안에서 표적에 충돌시켰다.

리버모어연구소는 냉전이 한창일 때 핵무기 기술을 개발하기 위해 세워졌다. 이런 연구소가 오늘날 방사성 중원소를 만들어 정제한 다음 러시아의 JINR에 제공한다는 사실은 아이러니한 일이다.

115번 원소는 알파 붕괴로 분열되어 니호늄이 된 다음 니호늄과 동일한 연쇄 붕괴 과정을 거친다. 2013년 8월에 독일의 GSI 연구소가 이 115번 원소를 다시 확인했다. JINR의 과학자들은 러시아의 수도 모스크바의 이름을 따서 모스코븀이라는 이름을 붙였다. 2016년 11월 28일 IUPA는 이 원소명을 승인했다.

리버모륨

116번 원소는 로렌스리버모어연구소의 이름을 따서 리버모륨이라고 이름을 지었지만, 사실은 러시아의 JINR에서 발견했다. 미국 오크리지 국립연구소의 원자로에서 만들어진 퀴륨을 로렌스리버모어국립연구소에서 관리했다가 러시아 JINR로 보내 퀴륨에 칼슘 원자를 충돌시켜 116번 원소를 만들어냈다. 냉전 시기의 설립 목적과 달리 두 연구소가 공동 연구를 진행한 셈이다.

테네신

이 원소 또한 미국과 러시아의 협동 연구가 성공을 거둔 사례다. 미국의 오크리지국립연구소가 버클륨 원소를 러시아에 보냈고, JINR은 이 원소에 칼슘 이온을 충돌시켰다. 칼슘처럼 가벼운 이온

모든 초중원소는 미국, 독일, 러시아, 일본의 연구소에서 발견되었다. 니호늄은 일본에서 처음으로 발견된 원소이고, 아시아에서 공식 발견된 첫 원소이다.

초우라늄 원소들이 발견된 연대표

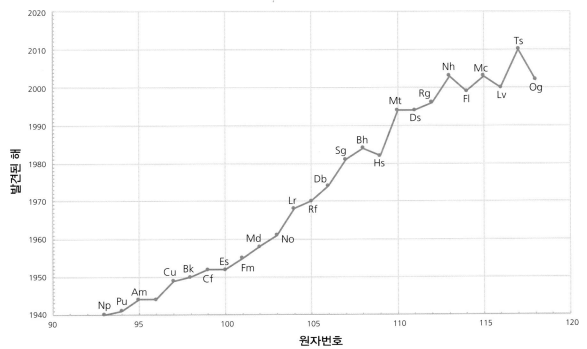

이 그래프는 과학자들이 점점 더 무거운 원소들을 발견해간 여정을 보여준다.

을 사용한 이유는 칼슘보다 큰 이온은 충돌 과정에서 표적 원소를 아예 없애버릴 가능성이 크기 때문이다. 이 말은 이제 이런 방식으로 새로운 원소를 만들어내는 데에는 물리적 한계가 있다는 뜻이다.

2010년 1월에 발견이 승인되면서 이 원소는 현재의 주기율표에서 합성되어 발견되는 마지막 원소가 되었다. 원자번호가 홀수인 원소들은 짝수인 이웃 원소에 비해 대칭성 문제 때문에 안정성이 떨어진다. 미국 과학자들은 오크리지 연구소가 자리한 미국 테네시 주의 이름을 따서 테네신이라는 이름을 붙여주었다.

오가네손

이제 주기율표의 마지막 원소에 도달했다. 2006년 10월에 승인된 이 원소는 미국 로런스리버모어국립연구소와 러시아 JINR의 합작품이다. JINR 연구소는 지금껏 118

번 원소 3개를 만들어냈는데, 하나는 2002년에 첫 실험에서 만들었고 이후 2005년에 2개를 더 만들었다. 표적인 납 원소에 수많은 크립톤 이온을 인내심 있게 충돌시킨 결과 생긴 산물이다. 이 원소가 118번 오가네손이라는 사실을 증명하기 위해 연구자들은 원소가 알파 붕괴를 통해 플레로븀이 되고 뒤이어 플레로븀과 같은 연쇄적 붕괴를 거친다는 사실을 보여줘야 했다. 그래서 연구자들은 먼저 116번 원소를 발견하는 과정에서의 증거와 116번 원소의 특징적인 붕괴를 포착하는 법을 확보했다. 그 다음 2002년과 2005년에 관찰한 추가적인 붕괴 과정이 118번 원소에 의한 것이라는 사실을 증명했다. 2016년에 IUPAC는 러시아 핵물리학자 유리 오가네시안(Yuri Oganessian)의 이름을 딴 '오가네손'이라는 이름을 승인했다.

미래의 원소들

15세기 유럽의 탐험가들은 기하학과 천문학 지식으로 무장한 채, 별을 방향타 삼아 신대륙을 찾아 항해했다. 21세기 원소 사냥꾼들도 비슷한 일을 하는 중이다.

전자기력

전자기력은 같은 전하를 띠거나 같은 자기장 극성을 띤 입자를 밀어낸다. 자석의 N극에 다른 자석의 N극을 가져가면 서로 밀어낼 것이다.

전기적으로 대전된 입자들 역시 마찬가지다. 가까이 갈수록 척력이 강해지지만, 민감한 장비를 사용하면 전하 사이의 거리가 얼마든 상관없이 이 힘의 영향력을 감지할 수 있다. 전자기력이 서로 교환되는 범위는 무한하다. 이 말은 원자핵 안에 든 개별 양성자는 위치에 상관없이 다른 모든 양성자를 밀어낸다는 뜻이다. 서로 반대 방향에 자리했다면 방향이 나란한 경우보다 척력이 덜하겠지만, 그래도 미는 힘은 여전히 존재한다. 이 힘이 커지면 개별 양성자가 경험하는 척력의 총합이 점점 늘어난다.

강한 힘

양성자들은 핵 안에서 서로 밀어내는 힘도 있지만 여전히 단단히 묶여 있다. 강한 핵력 덕분이다. 강한 핵력은 양성자뿐 아니라 중성자를 끌어당겨 단단히 한데 묶는다. 하지만 밀어내는 전자기력과는 달리, 강한 핵력은 작용 범위가 제한적이어서 바로 이웃하는 양성자나 중성자를 통해서만 감지된다. 이 힘은 전자기력보다 훨씬 강하기 때문에 서로 흩어지려는 핵 속의 양성자들을 묶는다. 하지만 강한 핵력은 짧은 범위 안에서만 작용하기 때문에 양성자나 중성자가 늘어난다고 해서 점점 커지는 것이 아니라 일정하게 유지된다.

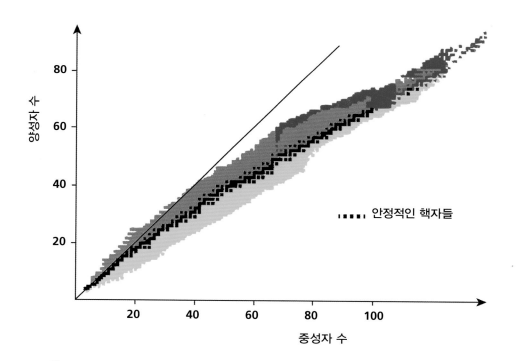

과학자들은 이제 안정적인 원소들의 섬을 떠나 또 다른 원소들을 찾아 항해하고 있다. 신대륙의 한가운데에는 122번 원소가 자리하는데, 이 원소는 안정적이어서 충분히 탐지될 거라고 추정된다.

불안정한 핵

양성자를 많이 가진 핵은 전자기력의 총합 역시 커져서 강한 핵력을 극복할 수 있다. 핵력이 무척 강하지만 일정하기 때문이다. 그러면 이 핵은 불안정해져서 양성자와 중성자를 잃고, 강한 핵력이 여전히 지배하는 가벼운 핵이 된다. 이것을 핵분열이라 한다. 대개 핵분열은 알파 붕괴를 통해 헬륨 핵이 튀어나오거나 분열 과정에서 무겁고 안정적인 핵이 나오면서 이뤄진다.

한편 동위원소의 반감기란 원자들이 붕괴하면서 그 양이 반으로 줄어드는 평균 시간이다. 반감기는 동위원소가 얼마나 불안정한지 알 수 있는 직접적인 척도다. 반감기가 짧을수록 동위원소는 불안정하다. 반면에 안정적인 핵은 반감기가 거의 무한에 가깝다. 강한 핵력은 일정한데 전자기력이 점점 증가한다는 말은 원자는 무거워지고 반감기가 짧아진다는 뜻이다. 이때 원소가 무거워지면 반감기는 기하급수적으로 감소하기 때문에, 새로운 원소가 만들어진다 해도 반감기는 거의 10억분의 1초 정도일 가능성이 크다. 그렇기 때문에 이런 원소를 확인하는 것이 몹시 어려워진다.

중성자의 필요성

중성자는 전하가 0이기 때문에 핵 속에 아무리 추가되어도 그 원소의 정체가 바뀌지는 않는다. 중성자가 존재하는 이유는 양성자들의 사이를 약간 벌려주면서 양성자 사이의 전자기적인 반발력을 줄이기 때문이다. 그러면 강한 핵력이 핵을 한데 묶는 힘이 더 커진다. 원소가 무거울수록 양성자의 수가 많아 서로를 바깥으로 밀어내는 힘이 점점 커지기 때문에 중성자의 비율도 점점 높아진다.

이렇게 중성자가 많은 동위원소들은 가벼운 핵들을 재료로 해서 만들기가 힘들다. 양성자와 중성자의 비율이 50대 50을 넘어서 중성자가 더 많아지는 경향이 있기 때문이다. 그래서 원자번호가 100 이상의 중원소 가운데 중성자가 부족한 동위원소들은 반감기가 기하급수적으로 짧아진다.

안정적인 핵

핵 껍질에 양성자나 중성자가 가득 차 있는 핵은 그렇지 않은 핵보다 안정적이다. 껍질이 가득 찬 핵은 마법처럼 반감기가 길어진다. 앞에서 말한 단순 모형에서 예측한 반감기보다 훨씬 길어지는 것이다. 양성자와 중성자가 전부 꽉 찬 핵은 이중으로 마법에 걸리므로 다른 동위원소보다 몇 배 더 안정적이다. 그래서 과학자들은 관찰 가능한 무거운 핵을 만들기 위해 이중 마법에 걸린 초중원소 핵을 찾는 데 집중하고 있다.

원소 예측하기

안정적이고 무거운 원소가 존재하는지 예측하려면 지금껏 알려진 가장 무거운 원소를 잘 알아야 한다. 과학자들이 특별히 집중하는 원소는 1960년대에 연구가 이뤄진 플레로븀이다. 플레로븀의 동위원소 ^{298}Fl은 이중 마법에 걸려 있어 반감기가 몇 분 단위일 가능성이 있다. 오늘날의 초중원소 동위원소처럼 반감기가 마이크로초 단위가 아닌 것이다. ^{298}Fl이 정말로 존재한다면, 이 동위원소는 불안정한 원자들의 바다 위에 뜬 안정적인 섬이 될 것이다.

하지만 오늘날의 입자가속기로는 ^{298}Fl을 만들어낼 방법이 없다. 184개나 되는 중성자들의 요구를 충족시킬 표적 원소와 발사체 원소의 조합이 없기 때문이다. 인위적으로 만든 중성자가 풍부한 방사성 동위원소를 충돌시키거나 핵폭발을 제어하는 등의 방법이 그 대안으로 제시되고 있다.

새 원소를 찾아서

중성자가 부족한 중원소의 동위원소가 보이는 반감기 패턴을 관찰해보면, 새로운 원소를 발견할 길이 확

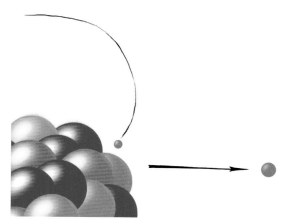

초중원소 핵 내부의 전자들은 에너지를 잃으려고 다른 전자나 반(反)물질인 양전자와 짝을 이룰지도 모른다. 양전자가 원자핵에서 튕겨나가면 이 전자는 핵 내부로 급히 떨어질 것이다.

실히 보인다. 과학자들은 양성자를 통해 마법의 수를 충족하는 다음 번 핵이 122번 원소 운비븀(Ubb)이 될 것이라 예측한다. 그리고 ^{306}Ubb은 이중 마법에 걸린 동위원소가 될 테지만, 중성자가 풍부한 핵을 만들어내려면 기존과 다른 새로운 방법이 필요하다. 그럼에도 전 세계 여러 연구소는 원자번호 120번대 이상의, 중성자가 부족한 동위원소를 만들려고 계속 시도하고 있다.

덫에 걸리거나 속도가 빨라지거나

장비가 계속 개선되는 가운데 인내심을 갖고 기다리다 보면 주기율표에 원소가 영원히 추가될 것 같다. 하지만 원자의 크기는 물리적인 한계가 있다. 원자의 크기가 커지면 양성자 수가 늘어나기 때문에 더 큰 양전하를 띤 핵이 된다. 이처럼 양전하가 커지면 주위를 도는 전자를 더 강하게 잡아당겨 붙잡아둘 것이다. 불확정성 원리에 따르면, 어떤 전자의 위치를 잘 알게 될수록 그 전자가 이동하는 속도를 잘 알지 못하게 된다. 그 결과 전자를 집어넣는 상자가 작아질수록 전자의 속도는 빨라진다. 아주 좁은 영역에 강하게 붙들린 전자들은 속도가 아주 빨라질 것이다. 전자를 구속하는 힘이 커지면 전자는 빛의 속도에 가까울 정도로 빨라진다.

빛보다 빠를 수 있을까?

언젠가 전자의 속도가 빛의 속도를 넘어서는 순간이 오겠지만 빛의 속도를 넘기란 불가능하기 때문에 전자는 에너지를 낮춰 느리게 움직이는 방법을 찾는다. 다른 전자나 반물질 양전자와 쌍을 이루는 것이다. 음전하로 대전된 전자가 원자핵 속으로 급히 뛰어들어 핵에 붙잡히는 동안, 양전하를 띤 양전자는 속도를 높여 원자 밖으로 튀어나간다. 이런 시스템은 물리적으로 안정적이지 못하기 때문에, 실제로 관찰할 수 없을 만큼 짧은 순간에 나타난다. 따라서 존재한다고 할 수 없다.

원자 입자들 사이의 상호작용까지 전부 고려했을 때, 붕괴하지 않고 존재할 가장 큰 원소는 173번으로 추정할 수 있다.

마치는 말

이 책의 목적은 오늘날 우주에 존재하는 모든 원자의 다양한 쓰임새와 풍부한 이야기들을 전하는 것이다. 우리는 연금술의 시대부터 시작해 먼 길을 왔지만 여러 원자가 상호작용하거나 새로운 화학물질이 만들어지는 방식을 이해하려면 아직 갈 길이 멀다. 주기율표는 강력한 예측 도구다. 패턴을 찾고 원소를 발견하는 과정에서, 주기율표는 모든 물질이 중요하다는 사실을 한 장의 종이에 연결 지어 보여준다. 과학자들은 주기율표에서 훨씬 많은 정보를 읽어낸다. 이것은 마치 영문학자가 셰익스피어 작품을 분석하는 것과 같다. 여러분도 이 책을 읽으면서 경외감과 함께 주기율표의 힘을 느끼기를 바란다. 전 세계 모두 과학 교실에 이 표가 무심한 듯 걸려 있지만 말이다.

주기율표에는 수백 년 동안 사람들이 활용해온 원소들도 있지만, 실험실에서만 존재하다가 이제야 눈에 띄게 된 원소들도 있다. 오늘날의 화학자와 재료 과학자들은 실험실 밖이나 컴퓨터만 가지고도 실험을 진행할 수 있다. 이들은 그간의 축적된 이론적 지식을 활용해 다양한 화학반응을 시뮬레이션한다. 그리고 수천 번의 모의실험을 거쳐 반응이 성공적일 것이라는 자신이 생기면 실험실로 옮겨 작업한다. 이런 연구 방식 덕분에 새로운 화학물질들이 점점 더 많이 발견되었다. 또 그에 맞는 새롭고 환상적인 쓰임새도 생겨났다.

과학이 점점 빠르게 발전하면서, 우리가 아는 지식의 범위는 더욱 넓은 지평으로 넓어지는 중이다. 주기율표에 새로운 원소가 추가될 때마다 자연의 새로운 결이 드러난다. 그렇게 한 단계씩 나아갈 때마다, 우리는 어떤 발견이 우리를 흥분시킬지, 그것이 어떤 미래를 펼쳐 보일지, 그저 짐작만 할 수 있을 뿐이다.

노벨상을 받은 미국의 물리학자 리처드 파인만은 물리적으로 가능한 가장 큰 전자에 대해 예측했다. 전자와 양성자가 전자기력을 통해 상호작용하는 방식에 대한 지식에 근거한 예측이었다.

파인마늄

물리학자 리처드 파인만(Richard Feynman)은 전자기력의 구조 상수를 자연을 관찰할 수 있는 측정 수단으로 삼자고 제안했다. 그에 따라 파인만은 원자번호 137번 이후에는 원소가 더 존재하지 않고 붕괴할 것이라고 대략적으로 추정했다. 몇몇 사람들은 137번 원소를 파인만의 이름을 따 '파인마늄'이라 부르기도 한다. 그 이후 많은 사람이 파인만의 제안을 검토한 다음 더 구체적으로 살을 붙였다. 이들에 따르면, 아

찾아보기

감사의 말

이 프로젝트는 SGJ 출판사 편집팀의 노고 덕분에 가능했다. 인내심을 갖고 이끌어준 그들에게 감사의 말을 전한다.

이 책을 쓰는 동안 은둔자처럼 보냈던 나를 이해해준 친구와 가족들에게도 감사한다. 특히 2016년 8월 5일에 나와 결혼한 아내 에밀리에게 고마움을 전한다. 아내가 참고 기다리며 격려와 사랑을 보내지 않았다면 늦은 밤과 주말까지 이어지는 작업을 계속할 수 없었을 것이다. 어쩌면 그렇게 틀어박혀 있었기에 아내가 결혼식 준비를 마칠 수 있었는지 모르겠지만 말이다!

그리고 2016년 3월 18일에 무려 94세의 나이로 돌아가신 증조 할아버지 윌리엄 제임스 홀릭에게도 이 책을 바치고 싶다. 41쪽에 말쑥한 젊은 시절 사진과 함께 증조 할아버지가 겪었던 이야기를 하나 실었다.

도판의 출처

사진

8, 12, 13, 15, 18, 33, 37, 44, 45, 46, 61, 63, 71, 72, 73, 75, 76, 78, 79, 80, 82, 105, 107, 124, 125, 132, 133(5개의 이미지), 138, 144, 148, 152, 158, 159, 162, 165, 166, 167, 169, 170, 172, 173, 175, 177, 178, 179, 180, 181, 183, 187 © courtesy of the Science Photo Library

110 © Getty Images

34, 51(2개의 이미지), 52, 54, 59, 60, 62, 68, 69, 70, 83, 84, 89, 93, 96, 97, 98, 103, 104, 109, 116, 119, 120, 127, 128, 131, 135, 145, 146, 147, 149, 150, 154, 157, 163, 176 © Shutterstock.com

41, 49 © Ben Still

43 © Getty Images

43 © Zeynel Cebeci at English Language Wikipedia

55 © Rutgers University Libraries at English Language Wikipedia

130 © Fonds Eugene Trutat at English Language Wikipedia

174 © Donald Cooksey at English Language Wikipedia

일러스트

존 데이비스(Jon Davis)